Mitteilungen

der Gesellschaft für Erdkunde und Kolonialwesen zu Straßburg i. E.

[Zugleich Abteilung Straßburg der Deutschen Kolonialgesellschaft]

für das Jahr 1911.

Zweites Heft.

Mit 6 Abbildungen und 3 Tafeln.

Straßburg
Verlag von Karl J. Trübner
1912.

M. DuMont Schauberg, Strassburg.

Inhalt.

Südsee-Inseln. [1]

Von Dr. Georg Friederici, Dorlisheim.

Mit 6 Abbildungen und 3 Tafeln.

Mein Freund und Reisegefährte in der Südsee, Professor Dr. Karl Sapper, hat am Schluß seiner „Beiträge zur Landeskunde von Neu-Mecklenburg und seinen Nachbarinseln" (Berlin 1910) in kurzen Zügen ein ganz vortreffliches, warmempfundenes Bild von jener schönen Landschaft gegeben, die er bereist und durchforscht hat. Sapper betont besonders scharf die geographische Vielseitigkeit selbst dieses doch verhältnismäßig nur kleinen Gebietes innerhalb der großen Südsee. Schon Neu-Mecklenburg, Neu-Hannover und Nachbarschaft beweisen, wie wenig schließlich selbst die wissen, die zwar draußen waren, aber nur flüchtig und von weitem sehen konnten, und dann nicht viel mehr zu sagen wissen, als daß eine Südsee-Insel eben eine Südsee-Insel sei.

Wenn ich nun meinerseits hier auf die von Sapper beleuchteten Tatsachen eingehe, so kann ich in den wenigen mir zur Verfügung stehenden Seiten auch nicht mehr tun, als einen Beitrag liefern.

Man kann die Inseln der Südsee ihrem geologischen Aufbau nach in drei große Klassen einteilen: in Korallen-Inseln, Inseln aus Eruptivgestein, zu denen auch die tätigen Vulkane rechnen, und schließlich zusammengesetzte Inseln, an deren Aufbau sich Eruptivgestein und Kalk beteiligen.

Ergibt dies schon eine große Mannigfaltigkeit der Formen, so wird diese noch vermehrt durch erhebliche Unterschiede, welche diese drei Gruppen in sich aufweisen. So kann man

[1] Aus den Ergebnissen der gemeinsam mit Professor Dr. Karl Sapper ausgeführten Expedition der Landeskundlichen Kommission des Reichs-Kolonialamts, sowie der vom „Hanseatischen Südsee-Syndikat" ausgesandten „Hanseatischen Südsee-Expedition". Für erteilte Publikations-Erlaubnis möchte ich auch hier den betreffenden Stellen meinen herzlichsten Dank aussprechen.

die Korallen-Inseln in zwei Gruppen teilen, geschlossene Korallen-Inseln und Atolle. Innerhalb dieser horizontalen Gliederung schafft eine vertikale neue Unterabteilungen. Es gibt ganz niedrige und flache geschlossene Korallen-Inseln, wie zumeist die von Sapper beschriebenen Fahrten-Inseln zwischen Neu-Mecklenburg und Neu-Hannover, wie die Tench-Insel, wie Seleo, Ali und Angel der Berlinhafen-Gegend, Alim (Elisabeth) in den Admiralitäts-Inseln und Tikei in den Tuamotus. Es ist damit nicht gesagt, daß diese hier genannten alle eine gleiche Entstehungsart haben; sie mag verschieden sein, aber tatsächlich sehen sie alle gleich aus. Es folgen dann geschlossene Inseln, die ein wenig über den Meeresspiegel gehoben sind, wie die Los Reyes-Gruppe der Admiralitäts-Inseln und Purdy-Inseln; noch etwas mehr ist Ndai (Gower-Insel), Britisch Salomonen, gehoben, das seinerseits von Feis, Karolinen, und dieses wieder erheblich von Niué an Höhe übertroffen wird. Andere in Etagen absatzweise gehobene Korallen-Inseln sehen aus wie gewaltige Stufenpyramiden; die Padaaido-Inseln, Niederländisch Neu-Guinea, Keule der Le Maire-Inseln, Ajó und Amgé der Südküste von Neu-Pommern sind Beispiele für diese Klasse. Schließlich haben wir hochherausgehobene Inseln, wie Makatea in der Tuamotu-Gruppe, das eine Höhe von 108 m erreicht. Alle diese Inseln bestehen ganz offenbar lediglich aus Kalk. Bei anderen, die ganz genau so aussehen, ist das aber ohne Zweifel nicht der Fall. Ich nenne Massáit und Malí der Lihir-Gruppe, die sicherlich wie ihre Schwesterinsel Mahúr einen Kern von Andesit enthalten, der nur bei ihnen nicht die Höhe erreicht, um über den Kalk hinauszuragen, wie im Falle von Mahúr.

Auch die Atoll-Klasse der Korallen-Inseln zeigt sehr verschiedene Formen. Wir kennen ganz niedrige, geschlossene Atolle, wie Manuhangi und Tematangi der Tuamotu-Inseln, und solche, die einige Meter gehoben sind, wie Niau und Maria derselben Gruppe. Das gleiche Verhältnis finden wir bei den Atollen mit einer oder zwei Durchfahrten an nur einer Seite, von denen das höchste mir bekannte, Nissan, von mir festgestellte Erhebungen bis zu 15 m erreicht. Schließlich haben wir jene Atolle, die aus einem Kranz ganz niedriger Inseln gebildet werden; Nuguria, Tauu, Nukumanu, Luaniua und Sikayana sind charakteristische Beispiele. Irgend welche nennenswerte Erhebungen bei einem Atoll dieser Gruppe sind mir unbekannt.

Daß Inseln aus Eruptivgestein und zusammengesetzte Inseln die mannigfaltigsten Formen zeigen können und zeigen, braucht nicht weiter erläutert zu werden. An einigen später gegebenen Beispielen wird es sich im übrigen auch ausweisen.

Ich gehe dazu über, aus jeder Hauptgruppe ein paar Muster in Kürze vorzuführen.

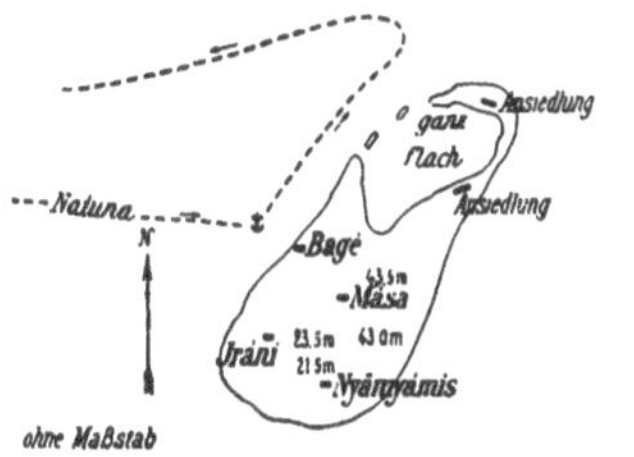

Fig 1.
Niwa, Neu-Hebriden.

Fig 2.
Das gehobene Riff von Bagé;
Niwa.

Die Form der Insel Niwa (Aniwa) ist aus beigefügter Skizze zu erkennen. Sie erhebt auf Genauigkeit keinen Anspruch; ich glaube sogar, daß der nördliche, atollartige Teil, zu groß gezeichnet ist. Die Insel besteht vollständig aus Kalk, der in der südlichen Hälfte z. T. nicht unbedeutend gehoben ist, nach Norden jedoch abflachend verläuft. Die ganze Insel — auch der atollartige Teil, soweit ich sehen konnte — ist mit einem schmalen Strandriff umgeben, über dem sich am Landungsplatz Bagé die Insel als gehobenes Riff etwa 1 m erhebt. Dann geht es nach Osten in die Insel hinein, ein paar hundert Meter ganz allmählich ansteigend, bis unmittelbar hinter den letzten Hütten von Bagé eine Kalkterrasse 10—12 m steil emporgeht. Ich habe dann im Innern der Insel mehrfach die Höhen festgestellt; die höchste gemessene dicht nordöstlich des Dorfes Mása mit 43,5 m. Dagegen ist der atollartige Teil im Norden ganz niedrig, die Lagune selbst so flach, daß sie wohl nicht einmal für schwere Boote passierbar ist. Höchst merkwürdig ist nun noch an dieser schon an sich durch diese seltsame Formation bemerkenswerten Insel Niwa die Auflage von starken Schichten vulkanischer Aschen über dem gehobenen Kalk. Daß diese Fremdlinge nicht zur Insel gehören, war klar; die Eingeborenen erzählten denn auch, daß bei den vorwiegend östlichen Winden im allgemeinen die Aschenauswürfe des tätigen

Vulkans des benachbarten Tanna nicht nach Niwa gelangten, daß aber dann und wann bei westlichen Winden, wenn der Vulkan gerade sehr tätig sei, die Asche hinüberkäme; dies sei zuweilen in solchen Massen geschehen, daß die Aschenmengen Yams- und Bananenernten auf Niwa vernichtet hätten. Die vorgefundenen Tatsachen bestätigten vollkommen diese Aussage. Hoher Urwald fehlt auf der Insel; häufig sind Kasuarinen und Cycadeen, aus denen die Eingeborenen, Polynesier mit melanesischem Einschlag, Cycas-Sagu bereiten.

Die ganz niedrigen Korallen-Inseln machen aus der Ferne je nach der Beleuchtung einen verschiedenen Eindruck; manchmal scheinen ihre Kokospalmen unmittelbar aus dem Wasser herauszuwachsen, ein anderes Mal erscheinen diese Eilande höher als sie es tatsächlich sind. Dies letztere ist der Fall mit dem Atoll Sikayana.

Findlays „Directory“ gibt ihm eine Höhe von 150 Fuß, also rund 45 m. Nun gibt diese für Seefahrer bestimmte Anweisung stets die absolute Höhe eines Landes einschließlich des Pflanzenbestandes. Da nun aber die durchschnittliche Höhe eines Bestandes von Kokospalmen 30 m auf keinen Fall übersteigt, so mußten wir, als sich die „Natuna“ am Morgen des 23. August 1909 dem Atoll näherte, bis zu 15 m gehobene Korallen-Inseln erwarten. Und in der Tat, so sah es von weitem auch aus. Die Schätzungen der Mitglieder der Expedition gingen z. T. sehr hoch; die meinige mit 6—8 m war noch bei weitem die niedrigste. Aber je näher wir kamen, desto mehr schrumpften diese Zahlen zusammen, und als dann Dr. Wolf und ich drei der Inseln untersucht und auch die Südostecke von Matuávi nicht vergessen hatten, die uns von weitem so hoch erschienen war, hatte ich feststellen können, daß diese höchste Stelle zusammengeworfener Korallenblöcke eine Erhebung von höchstens 3 m besitzt. Denn obwohl die Hauptinsel Sikayana selbst wegen des ungünstig stehenden Windes von uns nicht aufgesucht werden konnte, so glaube ich nach dem, was ich sah und von den Eingeborenen auf Befragen erfuhr, nicht, daß diese Insel eine höhere Erhebung besitzt. Jene Ecke von Matuavi scheint vornehmlich aus angeschwemmtem und zusammengeworfenem Korallenmaterial zu bestehen; irgendwelche Anzeichen von einem gehobenen soliden Kalkblock, von anstehendem Gestein, konnte ich nicht feststellen, habe allerdings nicht gebohrt.

Gegen eine Hebung der Insel in neuerer Zeit oder einen Aufbau oder Weiteraufbau von unten herauf durch Korallentiere sprechen auch die historischen Tatsachen. Das Atoll scheint sich vielmehr in einem Zustande der Auflösung, des Abgetragenwerdens zu befinden. Denn noch zu den Zeiten der Besuche durch die „Novara" und durch Thilenius besaß das Atoll fünf kleine dem Atollring aufgesetzte Inseln: Sikayana, Fáole (häufig mit Artikel: de Fáole genannt), Matuíloto, Matuávi und Baréna. Die letztere ist seitdem weggewaschen worden; nur einzelne Korallenblöcke, sogenannte „Pilze", bezeichnen noch die Stelle, die einst eine mit Palmen und anderer Vegetation bestandene Insel trug. Dr. Wolf und ich sahen sehr wohl diese stehengebliebenen Reste, z. T. mit ein oder zwei kümmerlichen Kokospalmen besetzt; aber da wir damals bei der Einfahrt die geschichtliche Tatsache noch nicht kannten und da wir zudem — wenigstens ich — noch stark unter dem Einfluß der Darwinschen Theorie über die Entstehung von Atollen standen, so konnten wir uns nicht entscheiden, ob wir stehen gebliebene Reste einer alten Terrasse vor uns hätten oder durch einen Orkan auf das Riff geworfene Blöcke. Angesichts der Tatsache nun, daß der erste Fall zutrifft, möchte ich noch einmal die von mir an anderer Stelle niedergelegte Feststellung wiederholen, daß diese Blöcke von Sikayana ihrer Art und Stellung nach genau oder ganz ähnlich so aussehen, wie die von Maria und wie jene einzelnen Blöcke und „Pilze", die ich so oft an den Küsten von Neu-Mecklenburg und der Tabar-Inseln gesehen habe. Das Atoll Sikayana ist also da, wo noch zur Zeit von Thilenius die Insel Barena stand, abradiert worden, die Blöcke und „Pilze" auf dem Riff, über die Dr. Wolf und ich im Zweifel waren, und die ersterer besonders geneigt war, für ausgeworfene Blöcke zu halten, sind in der Tat stehen gebliebene Reste. Die Abrasionstheorie von Alex. Agassiz und Alfred Voeltzkow wird also durch Sikayana gestützt.

Durch die Lagune von Sikayana fegt eine starke Strömung; sie ist ganz gewaltig in der Passage, aber natürlich auch innerhalb der Lagune bemerkt und noch dadurch bestätigt worden, daß die von mir innerhalb der Lagune gemessene Wassertemperatur genau übereinstimmt mit der, die ich eine Stunde vorher im stärksten Strudel der Passage festgestellt hatte. Diese Zahlen waren in beiden Fällen: Wasser 27,3° C., Luft 28,3° C.

Diese Lagunenströmung ist zweifellos in der Lage, durch Wegführung aufgelösten Materials an der Aushöhlung und Vertiefung der Lagunen zu arbeiten, also die Rolle zu erfüllen, die Alex. Agassiz ihr zuschreibt.[1])

Die Durchfahrt von Sikayana haben Dr. Wolf und ich gründlich ausprobiert. Sie ist die einzige durch das an dieser Stelle etwa 500 m breite Riff des Atollrings. Sie ist nicht mehr wie 10 m breit und so flach, daß unser Boot unter leichtem Ankratzen nur gerade hindurchkommt. Es ist gerade Ebbezeit. Das Wasser saust mit einer Geschwindigkeit von mindestens 5 Meilen (sagen wir rund 10 km) in der Stunde derart durch die schmale Öffnung hinaus, daß unser gut bemanntes und forsch manövriertes Boot stellenweise überhaupt nicht vorwärts kommt. Schließlich mußte ein Teil der Leute aussteigen, den Strick ergreifen und so lange treideln, bis wir oberhalb der Zugkraft der Strömung waren. Dies war um 8^{30} morgens. Als wir nach 4 Stunden wieder hinausfuhren, war die Strömung noch annähernd ebenso stark, obwohl das Wasser inzwischen gesunken war; nur die Stromschnellen im engsten Teil der Passage waren jetzt fortgefallen. Obwohl sich unser Boot in der Lagune als ausgezeichneter Segler erwies, konnten von uns doch nur die drei Inseln Faole, Matuíloto und Matuavi aufgesucht werden. Die vierte, Sikayana, ist jedoch ihrer ganzen Natur nach genau von derselben Beschaffenheit. Der Boden der Inseln besteht durchweg aus reinem Korallenkalk oder -Sand, der nicht eine Spur von Phosphorsäure enthält. Am Strande der Inseln, Innenseite sowohl wie Außenseite, befinden sich kleine Parzellen Mangroven. Diese sind auf kleinen niedrigen Koralleninseln gar nicht so selten, wie vielleicht angenommen wird. Auf Alim (Elisabeth) der Admiralitäts-Inseln traten sie uns z. B. recht häufig entgegen.

Die vier Inseln des Sikayana-Atolls sind dicht mit Kokospalmen bestanden und haben im Gegensatz zu Nukumanu und

[1]) v. Hochstetter: „Gesammelte Reise-Berichte" (Wien 1885), S. 294 ff. — Thilenius: „Ethnographische Ergebnisse aus Melanesien" (Halle 1902), I, 15. Derselbe im „Globus" (1898), LXXIV, S. 313; die Namen sind bei Thilenius z. T. ungenau gehört und wiedergegeben. — Friederici: „Ein Beitrag zur Kenntnis der Tuamotu-Inseln" in „Mitteil. d. Vereins für Erdkunde Leipzig, 1910" (Leipzig 1911), S. 142—143. — Agassiz: „The Coral Reefs of the Tropical Pacific" in „Memoirs of the Museum of Comparative Zoölogy at Harvard College" (Cambridge, U. S. A. 1903), p. XV, p. 17.

Tafel I.

I.

Phot. Rudolph Wolff.

Varzin-Pflanzung; Paparatava am Fuße des Vunákokor.

II.

Phot. Dr. Gjellerup.

Bivak Hollandia; Humboldt-Bai, Neu-Guinea.

Tauu, denen sie sonst in jeder Hinsicht gleichen, keine Moskiten und Anopheles. Die Bevölkerung macht einen gesunden und zufriedenen, einen glücklichen Eindruck; man begegnet vielen zutraulichen Kindern und jungen Leuten beiderlei Geschlechts. Die Bevölkerung, die 1847 171 Seelen zählte, hat jetzt rund 250; sie nimmt langsam, aber stetig zu. Das alles steht sehr im Gegensatz zu den Verhältnissen auf Nukumanu, Tauu und Nuguria mit ihrer aussterbenden Bevölkerung. Die wahren Gründe hierfür aber will man nicht einsehen, sondern spricht von „Inzucht". Sikayana zeigt an einem Beispiel mehr, welcher Unfug mit diesem Schlagwort getrieben wird.

Mit dem Namen Sikayana verbinden sich zwei Tatsachen, die in der Geschichte der Südsee nicht vergessen werden. Die erste ist die ganz frühe Nachricht von „Chicayana", die uns die Expedition von Quirós vermittelt hat. Ein Sikayana-Mann namens Luca, von den Spaniern Pedro genannt, war es, dem wir diese Mitteilungen verdanken. Das zweite Ereignis ist die Ankunft eines Bootes mit elf Mangareva-Leuten, die ihre Insel am äußersten Südostende der Tuamotu-Gruppe verlassen hatten, um der kirchlichen und weltlichen Tyrannei der Missionare zu entfliehen. Sie hatten eine Reise von rund 3700 Seemeilen von Osten nach Westen über den größten Teil des Großen Ozeans gemacht, bis sie der Zufall nach Sikayàna führte. Die Zeiten der großen polynesischen Wanderungen sind längst vorüber; ihre Stoßkraft und Seemannsenergie sind seit langem verpufft, und doch sehen wir, daß noch heute Reisen von einer so unerhörten Ausdehnung von Polynesiern gemacht werden können.[1])

Die ganze Nissan-Gruppe besteht durchweg aus gehobenem Korallenriff; Pinipír oder Pinipíl, Matanasá oder Matansá, Tsirót, Barahún und Nissán sind die Bestandteile. Während die Hauptinsel Nissán ein großes gehobenes Hufeisen darstellt, mit Barahún und Tsirót als Lagunenabschluß, bildet Pinipír ein kleines Atoll für sich. Dieses hebt sich aber nur an der Nord-,

[1]) Zaragoza: „Historia del descubrimiento de las regiones Austriales" (Madrid 1876—82), II, 232—35. — Die Version von Zaragoza hat leider hier eine böse Lücke, so daß die Übersetzung von Purchas mit herangezogen werden muß: „The Voyages of Pedro Fernandez de Quiros" (London 1904), II, 490—501. — „Man" (1906), VI, S. 168. — „South Sea Bubbles" (Leipzig 1874), S. 287—288. — Caillot: „Histoire de la Polynésie Orientale" (Paris 1910), S. 423 ff.

Ost- und Südseite steil wie Nissan als gehobenes Riff bis zu 12 m aus dem Meere empor. Obwohl ich selbst nicht auf jener Insel war, habe ich diese Verhältnisse doch bei der Anfahrt, von Sable-Bank herkommend, und von meinem Nachtquartier Tulaun aus gut beobachten können. Dagegen fällt die Insel nach Westen hin ab; der Lagunenabschluß nach dieser Seite hin ist nicht viel mehr als ein Riff, dem zwei kleine Inseln aufsitzen. Die Ostseite scheint kein nennenswertes Strandriff zu besitzen. Die Brandung schlägt unmittelbar an der steil hochgehenden Kalkwand empor. Auch die Hauptinsel hat ihre höchsten Erhebungen an der Ostseite. Ich bin in Begleitung von Herrn Prager, Mitglied der „Hanseatischen Südsee-Expedition" in zwei Tagen um die Hauptinsel herummarschiert. Am dritten Tage hatten wir nur einen kleinen Weg von 1 1/2 Stunden von Tulaun bis zu der Tsirot gegenüberliegenden Spitze von Nákakang, wo mich mein Boot erwartete. Der Pfad führt meistens auf der Höhe des gehobenen Riffs, größtenteils auf nacktem Korallenkalk mit nur wenig Humus. Dieses gehobene Riff fällt nach der Außenseite durchweg steil und mehr oder weniger hoch zur See hinab. Ein schmales Strandriff scheint hier die ganze Insel zu umgeben, wie auch die Außenseiten von Barahún und Tsirót. Nach innen, der Lagune zu, fällt das gehobene Riff mehr flach ab, aber auch hier findet sich nicht selten ein schmales Strandriff innen. Vielfach herrscht jedoch Mangrovensumpf und in der Hauptsache überwiegend Mangrovensaum am Binnenstrand. Zum Abschneiden des innersten, südöstlichen, ganz mit Mangroven umsäumten Teils der Lagune mußten wir längere Zeit knie- bis spalthoch im warmen Wasser waten.

Verläßt man zu diesem Marsch die niedrig gelegene Station Pokonien, so merkt man bald, daß der Weg ganz leicht ansteigt. Nicht weit südlich von Bórokaka konnte ich denn auch eine Höhe von 7 m feststellen, die an der Südwestecke, bald hinter dem großen Platz Balél, auf 12,5 m gestiegen war, und bei Kulís 14,5 m erreichte. Von hier, auf dem Marsch nach Osten bis Halián, konnte ich wechselnde Höhen von 8, 12 und 15 m feststellen. Bei diesem letzten Platz fällt das gehobene Riff auch an der Lagunenseite, dicht am Strand, 14 m hinab. Auf dem schmalen Raum zwischen Riffwand und Lagunenstrand befindet sich der Bootplatz des Dorfes.

Höhen von 15,5 m befinden sich auch in der Gegend von Torotaí, unserem ersten Nachtquartier, die aber bald bei den dicht nördlich davon gelegenen Dörfern Malís und Tantógane auf 5 und 7 m sinken. Die ganze nun folgende Gegend von Hahalís bis Talúng, dicht nördlich des zweiten Malís, hat nur eine durchschnittliche Höhe von 5 m, aber alles besteht wie vorher aus festem, hartem gehobenen Riff. Jetzt tritt wieder eine Erhöhung ein, und bei Tuláun, unserem zweiten Nachtquartier, fällt der Riff 13 m tief, steil zum Meere hinab. Von hier aus streicht das Gelände langsam in südwestlicher Richtung zum Lagunenstrand hinab.

Es wurden bei der Wanderung an den verschiedensten Stellen des Atolls 8 Gesteins- und Erdproben genommen, zu denen noch einige von Barahún, Tsirót und von Pinipír kamen. Soweit ihre Kalknatur nicht über jedem Zweifel erhaben war, sind sie im chemischen Laboratorium der Expedition untersucht worden. Außer Humusbestandteilen und natürlichen Verunreinigungen ist nichts gefunden worden, das nicht reiner Kalk gewesen wäre.

Die ganze Insel ist, soweit das gehobene Riff reicht, mit Muschelschalen, Bivalven, mehr oder weniger dünn besät. Sie liegen teilweise in größeren Haufen, teilweise einzeln, sowohl in den bewohnten als auch in den gänzlich unbewohnten Teilen. Ich hatte bereits an anderen Stellen, so hoch oben in den Bergen der Lemusmus- und Katendan-Gegenden von Neu-Mecklenburg, Gehäuse von Meeresschnecken auf dem gehobenen Kalk gefunden und war daher der bestimmten Auffassung, daß auch diese zusammen mit dem Riff gehoben worden seien. Im Dorfe Tantógane machten mich jedoch frisch auf dem Riff gesammelte Eßmuscheln (inañái) in ihren Schalen stutzig. Ich möchte aber fast glauben, daß diese frischen eine rezente Entwickelung der auf dem Riff gefundenen darstellen. Proben von beiden befinden sich in meiner Sammlung in der Geologischen Landesanstalt.

Bei einer früheren Gelegenheit[1]) ist die Frage erörtert worden, ob die von mir in der innersten Südostecke der Lagune festgestellte, sich bis zu 37° C. erhebende Wassertemperatur auf heiße Quellen zurückzuführen sei oder auf den

[1]) Friederici, loc. cit. S. 134—135.

kochenden Einfluß der Sonne. In meiner Auffassung, daß letzteres der Fall ist, bin ich seitdem noch durch das Studium eines trefflichen Aufsatzes von Dr. med. Schnee über das Jaluit-Atoll[1]) bestärkt worden. Denn er erinnert mich an eigene Erfahrungen, die heranzuziehen ich versäumt hatte. Wenn ich auch nicht, wie Dr. Schnee, bemerkt habe, daß Fische in dem zur Ebbezeit in den Löchern der Riffplatte zurückgebliebenen und durch die Sonne erhitzten Wasser verbrüht werden können, so habe ich doch ähnliche Erfahrungen häufig gemacht. Nicht nur beim Baden merken es die Füße recht empfindlich, wenn sie in ein solches Loch mit erhitztem Wasser hineintreten, sondern selbst beim Marsch in Stiefeln von starkem Segelleinen. Die kochende Kraft der Tropensonne ist in der Tat in der Lage, eine ungewöhnlich hohe Temperatur des Wassers hervorzubringen.

Ich bin mit Parkinson der Ansicht, daß das Nissan-Atoll auf den Karten zu groß gezeichnet ist.[2]) Nach meiner Rückkehr im Mai 1910 haben Sapper und ich diesen Fall besprochen. Aber selbst wenn Sappers damals schon fertige Karten noch größere Korrekturen zugelassen hätten, durften sie nicht vorgenommen werden, da weder Sapper noch mir wissenschaftlich sichere Daten für derartige Änderungen zur Verfügung standen. Denn andere Arbeiten und ungünstige Verhältnisse hatten mir es damals leider unmöglich gemacht, meinen Weg um Nissan herum topographisch aufzunehmen. Aber mir fiel sofort auf, wie schnell wir herum kamen. Ich hatte nach meinen Erfahrungen, und allerdings unter Berücksichtigung der Unerfahrenheit und Ungeübtheit meiner Begleitung, auf 3 kleine oder 2 1/2 gewöhnliche Marschtage gerechnet, je nach Lage der Nachtquartiere. Wir aber machten in der Tat den Weg mit großer Bequemlichkeit in zwei Tagen. Denn daß für den dritten Tag noch ein Marsch von 1 1/2 Stunden übrig blieb, hatte seinen Grund lediglich darin, daß ich vorzog, in dem hoch auf dem Riff in der frischen Seeluft gelegenen Tulaun zu übernachten, als in einer der drei im Innern, mehr nach der Lagune zu gelegenen Ortschaften.

Zu bemerken ist noch, daß die Passage zwischen Nissan und Tsirot einerseits und Pinipir andererseits nach Angabe der

---

[1]) „Globus“ (1904), LXXXV, S. 354.

[2]) Parkinson: „Dreißig Jahre in der Südsee“ (Stuttgart 1907), S. 472.

Eingeborenen und nach dem, was ich sehen konnte, rifffrei und für Schiffe passierbar ist. Ich wollte dies persönlich feststellen, aber beim Versuch, zwischen Nissan und Tsirot herauszufahren, brach der Mast unseres Bootes, so daß wir mit Riemenkraft zurück in die Lagune mußten.

Zu bemerken ist ferner, daß Anir und die Berge von Süd-Neu-Mecklenburg deutlich von Nissan aus zu sehen sind; dagegen ist umgekehrt Nissan für Neu-Mecklenburg unsichtbar.

Auf die verschiedenen Arten der Riffe, die mit den Korallen-Inseln so nahe verwandt sind, einzugehen, ist hier nicht der Ort. Sie gehören zu den interessantesten und schönsten Erscheinungen des Südmeeres. Die berühmten Korallengärten von Banda sind eine Enttäuschung für den, der an einem schönen Sonnentage, bei richtiger Beleuchtung, über ein Riff von Neu-Mecklenburg gefahren ist. Eines der prächtigsten ist das der Insel Doi (Angriffsinsel), unweit der Südwestküste von Nord-Neu-Mecklenburg. Im wundervoll gefärbten Wasser zeigen sich hier ganz steile tiefe Korallenterrassen, an denen bunte Seetiere haften und über und zwischen denen leuchtende Rifffische wie in einem Aquarium schwimmen. Die ganze Insel ist ein mächtiger Kalkblock, dessen Hänge sich zunächst noch in schwachem Gefälle unter dem Wasserspiegel fortsetzen, um dann in Stufen steil in die Tiefe zu gehen.

Am Sonntag den 6. Juni 1909, den wir an Bord der von Westen nach Osten fahrenden „Natuna“ doppelt rechneten, wurden um 6 Uhr morgens die Inselchen Honga Hapai und Honga Tonga von Süden aus gesichtet. Um 9^{10} vormittags stoppte die „Natuna“ dicht unter Honga Tonga, da keinerlei Riff vorhanden und kein Grund zu finden war. Die Felsenwände von Honga Tonga gehen vielmehr nahezu senkrecht in unbekannte Tiefe hinab. Es zeigte sich, daß wegen der schweren gegen diese Mauern schlagenden Brandung eine Landung, wenn auch nicht unmöglich, so doch nicht ohne Gefahr für das Boot war. Da ich unser Boot, das uns noch für viele und wichtige Unternehmungen dienen sollte, einem solchen Risiko nicht aussetzen wollte, so wurde von einer Landung Abstand genommen. Das Schiff dampfte daher langsam um Honga Tonga herum und in den Krater zwischen den beiden Inseln hinein. Um 9^{40} vormittags ging es dann mit voller Kraft seewärts mit Kurs auf Niué. Es zeigte sich bei dieser Besichtigung, daß die beiden außerordentlich steil aus dem Meere herausragenden Inseln von unten bis oben aus Eruptivgestein bestehen. Es sind die stehengebliebenen Reste eines eingestürzten und in seiner Hauptmasse versunkenen Kraters. Man kann von oben bis unten ganz deutlich die Schichtung und die mannigfachen Verwerfungen sehen. Für letztere möchte man Honga Tonga geradezu als ein Schulbeispiel bezeichnen. Die Verwerfungsbogen einzelner Schichten sehen genau so aus, wie die Bogen einer gemauerten Brücke. Honga Tonga und auch ein Teil von Honga Hapai gehen nach der Trichterseite fast vollkommen von oben nach unten senkrecht hinab; nach den Seeseiten, also den Böschungsseiten des ehemaligen Vulkans, ist der Abfall natürlich weniger steil, aber zu ersteigen ist Honga Tonga nur an einer oder zwei Stellen, Honga Hapai offenbar leichter. Auf letzterer Insel befindet sich auch ein einzelnes Haus, wahrscheinlich der zeitliche Aufenthalt von Vogelfängern. Auf Honga Tonga nistet eine nicht sehr zahlreiche Vogelkolonie. Beide Inseln sind auf den Höhen schwach bestanden, merkwürdigerweise auch mit einer erheblichen Zahl von Kokospalmen. Man kann sich zunächst nur schwer erklären, wie diese hier hinaufgekommen sind. Die folgende mir in Tongatabu erzählte Tatsache liefert den Schlüssel. Als vor einer Reihe von Jahren bei der sogenannten Falcon-Insel nördlich von Honga Tonga als Folge vulkanischer Kräfte eine neue Insel erschienen und die Nachricht hiervon nach Nukualofa gekommen war, schickte der König Georg Auslegerboote nach diesem Zuwachs zu seinem Reich, um dort Kokosnüsse zu pflanzen. Die Insel ist aber nach einiger Zeit mit den jungen Palmen wieder verschwunden. In dieser Weise werden auch die beiden Honga-Inseln bepflanzt worden sein, um Vogelfänger und die Insassen abgetriebener Boote mit Trinknüssen und Nahrung zu versehen. Denn die Tonga-Leute fuhren in früheren Jahren häufig nach Fidschi. Von Westen aus betrachtet sieht Honga Hapai dem Felsen von Gibraltar auffallend ähnlich, wie man ihn, von Tarifa kommend, sieht; nur daß bei dem erheblich größeren Gibraltar die Punta de Europa nach der rechten Hand zu liegt, bei Honga Hapai aber zur linken.

Vor einigen Jahren war ein Mann mit einem Schiff hier gewesen, um von Honga Tonga mit seiner Vogelkolonie „Phosphat“ zu holen. Er kam aber mit leerem Schiffe wieder nach

Tongatabu zurück, weil, wie er sich ausgedrückt haben soll, seine Mittel zum Abbau des Phosphats nicht ausreichten. Wenn man diese Kraterreste einmal gesehen hat, dann wird einem alles klar.

Der am längsten bekannte tätige Vulkan der Südsee ist der Tinakula der Santa Cruz-Gruppe, aber wissenschaftlich untersucht worden ist er, soweit mir bekannt, noch nicht.

Von der Carlisle-Bucht, Ndeni, kommend, wurde uns der Vulkan gegen 1 Uhr nachmittags des 20. August 1909 sichtbar, obwohl er von Wolken und Nebel leicht umhüllt war. Er zeigt sich zunächst von dieser Seite als ein äußerst regelmäßiger Kegel, ganz ähnlich dem von Bäm (Lesson) der Le Maire-Inseln, Nord-Neu-Guinea. Kommt man jedoch näher heran und fährt südlich und südwestlich herum, so zeigt sich nach Nordosten und Osten gesehen auf dem untersten Drittel des Hanges ein parasitischer oder Seitenausbruchkegel, oder wenigstens der Rest eines solchen. Der Berg kommt unmittelbar aus dem für uns unmeßbar tiefen Meere heraus; von Korallenriff ist um die ganze Insel herum ebensowenig etwas zu bemerken, wie bei Bäm. Der Vulkan zeigt auf dieser nach Ndeni zu geneigten Seite, also auf seinen Süd- und Ostflanken, das typische Bild eines Strato-Vulkans, wie, freilich in etwas anderen Formen, der Vulkan von Nord-Neu-Georgia und der Kulambangra in den Salomonen, „Mutter“ und „Vater“ auf Neu-Pommern, Manám und Bäm der Küste von Nord-Neu-Guinea, die Vulkane von Ternate und Tidore, sowie der Gunung Api in den Molukken.

In langen Zügen kommen die Erosionsfurchen von oben herunter; unten am Fuß sind sie zum Teil durch grüne Vegetation verborgen, unter der sich nicht wenige Palmen befinden. Dann wird die Bewachsung nach oben immer spärlicher, um im höchsten Drittel des Kegels ganz zu fehlen. Die Grundfarbe von Laven, Auswurferde, Tuffen, Aschen ist dunkelbraunschwarz, nicht rötlich-braun, wie im Falle von Bäm. Der nicht ins Meer gelangte Lavastrom dieser Seite ist ziemlich dünn und schmal, ist offenbar neueren Datums. Denn er erscheint noch glasiert, nicht niedergebrochen, und zeigt noch die Struktur der frisch erhaltenen Laven des Vulkans von Savaii.

Ganz anders gestaltet sich das Bild auf der West-Nordwestseite; hier ist ein ganzes Stück des Kegels, man möchte glauben $^1/_4$ bis $^1/_5$, von oben bis unten heruntergebrochen und im Meere verschwunden. An den beiden seitlichen Bruchflächen (Abrutschflächen) kann man höchst deutlich und anschaulich die Stratifikation dieses Vulkans sehen: zwischen rotbraunen, schwarzen und schwarzbraunen Lagen befinden sich schmale grauweiße Lagen, die alle wie Radien von der Spitze des Kegels zur Basis gehen und die Aufschuttlagen bei Bildung des Strato-Vulkans höchst anschaulich erkennen lassen. Die innere Mitte der ganzen Abrutschstelle wird durch einen ungeheueren schwarzen Schuttkegel ausgefüllt, auf dem, oder vielleicht auch unter und in dem, beständig kleine Lavaströme hinabsausen. Man erkennt sie am Tage an der sie auf ihrem Wege begleitenden und noch eine geraume Zeit anhaltenden und nachwirkenden Rauchentwickelung. Bei Nacht, wenn die Konturen des Vulkans in der Dunkelheit verschwunden sind, sehen sie ganz genau aus, wie hoch in den Lüften geplatzte Raketen, die nun in einem dünnen, in sich zusammenhaltenden Feuerregen herabkommen. Auch ihre Schnelligkeit ist annähernd die gleiche, so daß hier wirklich ein erhabenes Raketenfeuerwerk vorgetäuscht wird.

Beim Messen des Wassers brach wieder einer meiner Thermometer; ich konnte aber doch feststellen, daß die Temperatur des Wassers durch die Nähe des Vulkans nicht berührt schien.

Leider war das Wetter derartig schlecht — kalter Regen, Sturm, bewegte See —, daß von einer Landung, die von mir beabsichtigt war und wohl möglich gewesen wäre, Abstand genommen werden mußte. Die Insel ist unbewohnt und auch schwer bewohnbar. Die in dicke Regenwolken gehüllte Spitze des Vulkans wurde nie gesehen, auch bei Nacht dort keine Feuerentwickelung bemerkt.

Nicht weit von der Santa Cruz-Gruppe liegt einsam im Meere die Insel Anuda. Sie ist ganz offenbar der Rest eines nach und nach infolge von Erosion und Abrasion verschwindenden ehemaligen Eruptivkegels. Die Insel ist umgeben von einem zum Teil weit hinausgehenden Strandriff. An der Abrasionsseite scheint kein Riff zu sein, wahrscheinlich infolge von Verunreinigung des Wassers durch das abgespülte Eruptivgestein. An der West- und Südwestseite der Insel befindet sich ein breiter weißer Strand, offenbar Korallenkalk- und Muschelstrand. Die Höhe der Insel ist ebenso schlecht mit Vegetation bestanden, wie etwa die von Tahiti, Mangaia, Eua. Die geologische Formation dürfte dieselbe sein, die rotbraune Farbe stimmt wenigstens ebenfalls vollkommen mit der jener Inseln überein. Am Strande befinden sich gute Kokospalmenbestände. Die kleine Insel hat etwa die Größe der Le Maire-Inseln Rubrub und Karuar. Ich konnte feststellen, daß die Insel bei keineswegs sehr klarem Wetter noch auf einer Entfernung von 35 km zu sehen war.

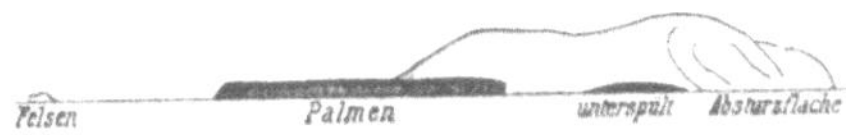

Fig. 3.

Anuda, vom Ankergrund aus gesehen.

Ich habe diese Insel kurz erwähnt, weil sie mir zu erklären scheint, wie ein Vulkan, wie der Tinakula, verschwinden kann, wenn seine Tätigkeit aufgehört hat. An dem nicht durch Laven und Aschen verunreinigten Teil wird sich bald ein Riff ansetzen, das den abradierenden Kräften des Meeres einen gewaltigen Widerstand entgegensetzen wird, die Insel an dieser Seite geradezu panzert. An der eingestürzten Seite aber kann das Meer ungehemmt nagen; denn die losen, leicht und ungehindert nachstürzenden Aschen und rollenden Auswürflinge verunreinigen andauernd das Meer und gewähren den Korallentieren keine Lebensbedingungen. Diese offene Wunde an der Peripherie eines Vulkans wie der Tinakula wird nicht eher zuheilen, als bis die Insel durch andauerndes Annagen und Nachstürzen so weit abgetragen ist, daß infolge des zu gering gewordenen Böschungswinkels das rutschende und rollende Material nicht mehr nachstürzt, so daß die Korallentiere anfangen können, die Bresche zuzubauen. Daß die Insel Anuda einen solchen Prozeß durchgemacht hat und noch erleidet, daß der Kegel von oben abgerutscht und ins benachbarte Meer geführt ist, bestätigt auch der in diesen Gegenden so seltene Ankergrund, der vor Anuda durch diese abgetragenen Schuttmassen geschaffen worden ist.

Ich komme zu den zusammengesetzten Inseln. Die Insel Eua der Tonga-Gruppe ist schon mehrfach besucht und wissenschaftlich beschrieben worden, aber diese Darstellungen sind keineswegs so erschöpfend, daß nicht auch einige meiner Aufzeichnungen noch am Platze wären.[1]) Auch möchte ich ganz

[1]) Agassiz, loc. cit. S. 180—187, wo auch frühere Literatur über die Insel angegeben ist, ganz besonders die wertvolle Abhandlung von J. J. Lister.

besonders einige Bemerkungen über Eua deswegen machen, weil die Insel in gewisser Hinsicht ein geographisches Bild im kleinen der viel größeren zusammengesetzten Insel Buka ist, die Sapper beschrieben hat.[1])

Die Insel Eua wurde am 6. Juni 1909 untersucht; vor dem Dorfe Ohonua an der Westseite befindet sich ein guter Ankerplatz. Mein Weg ging zunächst durch das Missionsdorf Ohonua, dessen Bewohner zumeist in der Kirche sangen, dann am Friedhof vorüber an den Strand; immer in südlicher Richtung. Nachdem der Strandlinie eine Weile gefolgt worden war, ging es nach Südosten zu in den Wald hinein und zum Dorfe Tufu. Während der Strand aus feingeriebenem, dem Strandriff unmittelbar auflagernden Korallenkalk besteht, beginnt sofort im Busch eine dicke Schicht von Erden oder Tuffen eruptiver Natur, deren Stärke bei der kurzen Zeit mit den vorhandenen Instrumenten nicht festzustellen war. Hinter dem Dorfe Tufu, auf einer Höhe von 100 m, wurde die erste Erdprobe zwecks Untersuchung genommen; alles ist hier ausgesprochenes Eruptivmaterial, aber Anstehendes konnte nicht entdeckt werden. Nach den Ergebnissen, welche später auf dem Rückwege das Kreuzen eines tief hinab bis auf die Kalkunterlage eingeschnittenen Bachbettes ergab, ist höchstwahrscheinlich auch in dieser ganzen Gegend unter einer 6—9 m dicken Schicht vulkanischer Erden, Tuffen und Aschen eine Kalkgrundlage vorhanden. Von hier ging der Weg unter Umwegen und Abstechern zum Dorfe Pangai, von wo ein Knabe als ortskundiger Führer mitgenommen wurde.

Dieser ganze Teil der Insel zerfällt in Zonen, die der Küste parallel laufen. Geht man von Westen nach Osten, so kommt zunächst nach dem Küstensaum eine tiefliegende Waldzone, in der sich Tufu befindet. Ihr folgt eine etwa 100 m hoch gelegene Graszone, in der die erste Erdprobe genommen wurde. Dann folgt wieder eine etwas tiefere Waldzone, in der Pangai liegt. Ihr folgt eine breite, etwa 107—110 m hohe Graszone, in der auf einer Höhe von 107 m eine weitere Erdprobe für das Laboratorium genommen wurde. Während so je nach der Lage auf dem Kopf oder im Tale dieser Landwellen

---

[1]) Sapper: „Buka" in „Mitteil. aus den Deutsch. Schutzgebieten" (Berlin 1910), Bd. XXIII, S. 193 ff.

Tafel II.

III.

Phot. Paul Schön.

Dorfszene am Fuße der „Mutter".

IV.

Phot. Alex. Drollet.

Atoll Anaa; Tuamotu-Inseln.

die Vegetation sehr anders geartet ist, scheint in der Art und Qualität des aus zersetztem Eruptivgestein bestehenden Bodens ein Unterschied nicht zu bestehen. Der in die Täler herabgeführte Boden mag lockerer und daher für Keime und Wurzeln der Vegetation leichter angreifbar sein, seinen geologischen Bestandteilen nach ist er jedoch offenbar an beiden Stellen der gleiche. Bei Hervorbringung so schroffer Bewachsungsunterschiede müssen daher noch andere Ursachen mitwirken, deren wesentlichste der Wind zu sein scheint. Die hier fast ständig wehenden Winde — Dezember bis April wechselnde östliche Winde, darunter im Januar vorwiegend nordöstliche Winde; April bis November Südost-Passat — sind offenbar auf Gedeihen und Fortpflanzung der Vegetation von erheblicher Wirkung. Nicht nur hier, sondern über die ganze Insel hin sind nun die geschützten Niederungen und Schluchten mit Baumvegetation bestanden, während alle Hochflächen und die meisten Kuppen und Rücken sich mit niedriger Grasvegetation begnügen. Nur einige wenige bewaldete Kuppen und Rücken machen hiervon eine Ausnahme. Es fiel mir nun an dem ganz windstillen Besichtigungstage auf, daß auf großen Strecken hin alle höheren Gräser und unkrautartigen niedrigen Büsche unter einem erheblichen Winkel nach Westen zu geneigt wachsen. Die einst eingeführten, nun in großer Zahl halbwild herumlaufenden Pferde und Rinder mögen auch an dieser Verteilung der Vegetation mitwirken und vielleicht sogar einen Rückgang der Waldbestände hervorbringen.

Nach Überwindung der Grasebene hinter Pangai ging es zunächst am Fuße der nun beginnenden Berge durch eine Buschvegetation, dann durch ein meist schlecht bestandenes oder kahles Hügelland die Berge hinauf. Hier wurde verschiedentlich anstehendes, durch und durch verwittertes und wie Käse durchschneidbares, aber in seiner Struktur und Schichtung noch recht gut erkennbares Eruptivgestein gefunden. Es ist Andesit, der Eisenhydroxid und in Spuren Mangan enthält. Eine von mir mit A bezeichnete, wie ihre Umgebung nur mit Gras bestandene Höhe wurde bestiegen und ihre Erhebung auf 303 m festgestellt. Je weiter man nach Osten gelangt, desto höher wird das Bergland, desto kompakter auf Rücken und Kuppen die Schicht zersetzten Gesteins. Nachdem so der von Westen kommende Wanderer $^4/_5$ des breitesten Teils der Insel durchquert und nahezu an den Ostrand gelangt ist, stößt er nach Abstieg von der 303 m-Höhe zwischen ihr und einer noch höheren im Nordosten — von mir B genannt — plötzlich auf anstehenden Kalk. Auch nicht die geringste Spur von Kalk war trotz eifrigen Suchens bisher auf diesem ganzen Teil der Insel zu finden gewesen. Es ist Globigerinen- und Foraminiferen-Kalk. Die Höhe beträgt 289 m. Von hier an sieht man diesen Kalk andauernd über das ganze Gelände hin in etwa kniehohen, spitzigen Blöcken wie Grabdenkmäler über dem sonst ebenen, vulkanischen Boden hervorragen. Dieser Boden ist jedoch durchweg zwischen diesen Kalkzacken sehr mächtig, jede Zacke also wie eine Nadel von beträchtlicher Länge. Ein auf der höchsten Erhebung des mittleren Teils der Insel — Höhe B — ausgehobenes Schürfloch konnte mit den zur Verfügung stehenden Mitteln, Hacke und Spaten, nicht bis auf den Grund hinabgeführt werden. Von dieser 337 m hohen Erhebung B kann man nahezu die ganze Insel übersehen. Das nördliche Drittel bildet eine annähernd regelmäßige Hochebene, die in zwei deutlich ausgesprochenen Terrassen gehoben worden ist, deren Etagenflanken nach Osten hin aus senkrechten Kalkwänden bestehen und durch deren Decke aus verwittertem und zersetztem Eruptivgestein überallhin zerstreut kleinere und größere Kalkzacken hervorragen. Die beiden Hauptterrassen sind wieder in Zwischenterrassen zerlegt; wie viele, konnten der mich begleitende Herr Prager und ich von unserem Standpunkt aus nicht mit Sicherheit feststellen. Nach Agassiz sind es auf der Hauptinsel im ganzen 6, bei der auch von uns gesehenen und angepeilten Insel Kálau nur 4.[1]) Die südlichen zwei Drittel der Insel sind genau so gehoben worden, aber hier haben wohl früher oder später vulkanische Kräfte mitgewirkt,

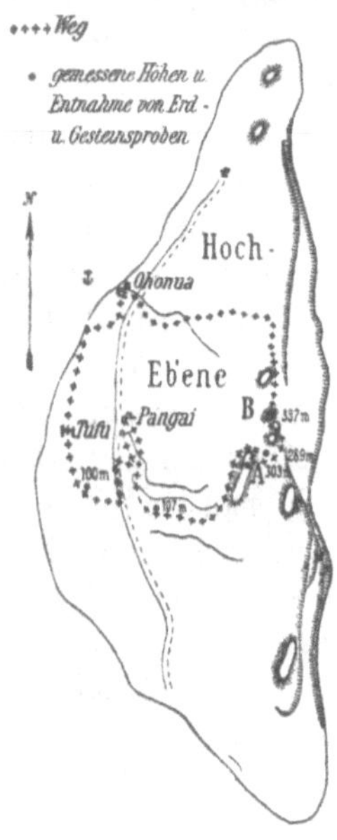

Fig. 4.
Insel Éua, Tonga-Gruppe.

[1]) Agassiz, loc. cit. S. 183, 184.

deren Produkte nach erfolgter Erosion, Denudation und Akkumulation der Oberfläche des Landes den Charakter eines Hügellandes mit sanften Formen im Laufe der Zeiten haben zukommen lassen.

Den Blick von dieser Höhe auf die Insel und das prachtvolle gehobene Riff wird man so bald nicht vergessen.

Es mag noch bemerkt sein, daß Eua auf demselben unterseeischen Sockel steht wie Tongatabu, von dem es durch einen 200 m an Tiefe nicht übersteigenden Meeresarm getrennt ist. Die vorhin genannten Inseln Honga Hapai und Honga Tonga liegen dicht an der 1000 m-Tiefenlinie.[1])

Als besonders charakteristische Beispiele zusammengesetzter Inseln sollen zum Schluß noch einige der Cook-Inseln und Rímatara der Austral-Gruppe kurze Erwähnung finden.

Die Inseln Atiu, Mitiaro, Mauki und Mangaia der Cook-Gruppe, sowie Rímatara der Austral-Inseln gehören alle fünf genau derselben geologischen Formation an, die nicht schwer zu erklären ist. Es sind mehr oder weniger abgetragene Kuppen zersetzten Eruptivgesteins, die mitsamt dem sie umgebenden Strandriff gehoben worden sind. Das Maß dieser Hebung ist am Riff genau festzustellen; es schwankt zwischen 10 und 17 m bei Atiu, Mitiaro, Mauki und Rímatara, es ist etwas höher bei Mangaia, wo eine 2—3 malige Hebung in Terrassen von geringerer Höhe stattgefunden hat. Der Riffkalk ist stellenweise an der Oberfläche dolomitisiert, auf weite Strecken andererseits mit dem von oben herabgeführten Lateritboden bedeckt. Stalaktitenhöhlen sind in diesem gehobenen Kalk nicht selten. Weder in diesen Höhlen noch auf anderen Teilen dieses gehobenen Riffs konnten Spuren von Phosphorsäure festgestellt werden. Dieses mitsamt den Inseln gehobene Riff ist bei ihnen allen verhältnismäßig schmal; es bildet, um einen Vergleich zu haben, den schmalen Rand eines ganz flachen großen Hutes oder den überstehenden Rand einer großen runden Bratenschüssel mit aufgesetztem flachem Wärmedeckel. Der Kern, das Eruptivgestein, ein olivinreicher Basalt, ist bis in große Tiefen völlig zersetzt, aber noch fest zusammenhaltend und vielfach noch seine Struktur zeigend. Bei ähnlichem Klima sind denn auch die Vegetationsverhältnisse mit ihrem Wechsel zwischen Berg

[1]) Henjes: „Ein Beitrag zur Morphographie des Meeresbodens im südwestlichen Pacifischen Ozean" (Münster 1910), Taf. 2.

und Tal genau dieselben, wie sie für Eua angedeutet wurden. Die Kasuarine ist hier durchweg der Charakterbaum.

Anschließend an das gehobene Riff besitzen alle fünf Inseln ein nur schmales Strandriff, an dessen äußerer Riffkante es steil in die Tiefe hinabgeht. Ankergrund ist nur bei Rimatara vorhanden. Alle fünf Inseln — denen sich in diesem Falle auch Rarotonga anschließt — haben auch das miteinander gemein, daß die Landungsverhältnisse höchst ungünstig, für Unerfahrene geradezu gefährlich sind. Da das den vulkanischen Kern herunterkommende Niederschlagswasser nicht über den äußeren Rand des Korallenkalksockels, des gehobenen Riffs hinausfließt, sondern schon in ihm, Stalaktitenhöhlen bildend, versinkt und unterirdisch abfließt, so können die Korallentiere ungestört durch ihnen nicht zusagendes Süßwasser um die ganze Insel hin in einem geschlossenen Ring sich entwickeln. Es ist daher nirgends eine Lücke im Riff, keine „Passage", kein Landungsplatz. Obwohl wir von kundiger Hand geführt wurden, fehlte es nicht viel, daß bei Atiu Dr. Wolf und ich mit dem fast senkrecht in der Brandung stehenden Boot nach rückwärts umschlugen.

Im einzelnen mag noch folgendes gesagt sein:

Wenn man das im Durchschnitt 16 m hohe gehobene Riff von Atiu erstiegen hat, geht es auf ihm zunächst ganz sanft hinab. Gleich hier beginnt die Lage des von dem Kern der Insel herabgeschwemmten zersetzten Eruptivgesteins. Dann geht es diesen Kern hinauf zum höchsten Punkt etwa in der Mitte der Insel.

Das etwa 15 m hohe gehobene Riff von Mitiaro ist besonders stark von Stalaktitenhöhlen durchsetzt, die 6—9 m hoch sind. Sie sind in der Höhe des Meeresspiegels mit brackigem Wasser angefüllt, das sein Niveau mit dem Stand der Gezeiten ändern soll. Vom Rande des gehobenen Randriffs senkt sich das Gelände nach der Mitte der Insel zu ganz langsam, kaum merklich, bis auf etwa 8 oder 9 m — vielleicht auch stellenweise tiefer — hinab und bildet hier eine große Niederung, die durch 4 nicht durchweg scharf von einander getrennte Seen brackigen Wassers eingenommen wird. Die Landschaft gleicht nahezu vollkommen dem Bilde einer Moorlandschaft der Lüneburger Heide. Birkenähnliche Bäume fehlen allerdings, aber die Kasuarine gibt dem Bilde etwas Nordisches; sie ist der Charakterbaum von Mitiaro. Diese Bäume mit ihrer haarartigen, in Form von Schachtelhalmen ineinander gesteckten Belaubung bilden ausgedehnte geschlossene Wälder über die Insel hin, deren Rauschen im scharfen Seewinde an den Vers erinnert: „Es rauscht durch die Schachtelhalme".

Aus dem moorigen See wurde eine Probe einer roten, scheinbar fettigen oder lehmigen Erde entnommen, die auf den ersten Blick ein zersetztes Eruptivgestein zu sein schien, deren starker Geruch nach Schwefelwasserstoff jedoch auf ein vermodertes vegetabilisches Gemenge hinwies. In der Tat handelt es sich auch mit großer Wahrscheinlichkeit um eine Art Torf aus Fungien. An der Stelle, wo diese Probe entnommen wurde, führt als Fortsetzung des bisher betretenen Pfades ein Damm über das Wasser, in dessen sumpfigen Boden man jedoch bis zum Unterleib einsinkt. Wir schlugen daher einen sehr unbequemen Weg über scharf herausstehendes Kalkgestein in südsüdöstlicher Richtung ein und kamen schließlich in 18—20 m Höhe auf einen Komplex derselben oder ganz ähnlicher zersetzter Erden eruptiver Natur, wie wir sie auf Eua und Atiu gefunden hatten. Die große mittlere Niederung liegt von dieser Stelle in nordnordwestlicher Richtung. Solche Flecke zersetzten eruptiven Gesteins gibt es auf Mitiaro drei, von denen der besuchte der größte ist. Hier befinden sich die hauptsächlichsten Bananenpflanzungen der Eingeborenen, die also ihre Nahrungsmittel immer aus beträchtlicher Entfernung zu ihren Wohnungen bringen müssen. Sonst wachsen über die Insel hin zwischen den Kalkzacken und -spitzen nur Kokospalmen und an einigen günstigeren Stellen Orangenbäume. Mitiaro ist von genau derselben geologischen Formation, wie die übrigen genannten Cook-Inseln und Rimatara, vielleicht sogar wie Niué. Nur ist die Abtragung der wahrscheinlich ursprünglich nur niedrigen und flachen Kuppe eruptiven Gesteins weiter vorgeschritten als auf den anderen Inseln. Die 3 Flecken zersetzten Eruptivgesteins sind die Reste dieser Kuppe, während in der Hauptsache dieser Kern innerhalb des umgebenden Kalkpanzergürtels bereits derartig denudiert und ausgehöhlt ist, daß sich eine Vertiefung gebildet hat, die mindestens stellenweise das Niveau der See bei Hochwasser erreichen muß. Denn das Wasser der Binnenseen, die man auch Lagunen nennen kann, ist brackig. Eine längere und genauere Untersuchung, zu der uns leider die Zeit fehlte, muß Einzelheiten feststellen. Eine Tatsache aber hebe ich hervor. Stellen wir uns vor, daß im Laufe geologischer Zeiten die letzten 3 Flecke eruptiver Erden infolge fortgesetzter Abtragung auch verschwunden sein werden, und der Aushöhlungsvorgang im Inneren so weit fortgeschritten sein wird, daß die 4 Binnenseen eine einzige Lagune bilden, dann haben wir ein geschlossenes gehobenes Atoll vor uns, ein Nissan ohne Durchfahrten. Nehmen wir dann weiter an, daß auf irgend eine Weise eine Einfahrt entsteht und damit eine Lagunenströmung, so könnte diese die letzten Spuren von Eruptivgestein hinausspülen, und wir hätten ein gehobenes Atoll vor uns, genau wie Nissan.

Ich sage zunächst nicht, daß Nissan so entstanden ist; das benachbarte Atoll Pinipir scheint mir dagegen zu sprechen, wenn auch andererseits, wie Sappers Karten zu seinen „Beiträgen" und „Buka" ausweisen, eine Verbindung von Kalkterrassen und Eruptivgestein in diesen Strichen Melanesiens sehr häufig ist, und Nissan genau in der Linie St. Matthias-Tabar-Lihir-Tanga-Anir liegt, die zum Teil mit Sicherheit, zum Teil wahrscheinlich zusammengesetzte gehobene Inseln sind. Aber ich glaube, daß in der Tat auch aus einer durch Hebung entstandenen Insel, wie Mitiaro, auf diese Weise ein Atoll entstehen kann, und daß diese Insel ein Belegstück mehr bildet für meine Auffassung, daß die Faktoren, die an der Entstehung und dem Aufbau von Korallen-Inseln mitgewirkt haben, vielseitig und verwickelt sind.[1])

Die Insel Mauki von etwa eiförmiger Gestalt ist ein Gegenstück von Atiu; das schmale gehobene Riff umgibt ringförmig den Kern roten zersetzten Eruptivgesteins. Dieser Kern ist nur ganz flach; den höchsten Punkt habe ich auf 17 m festgestellt, während das gehobene Ringriff eine durchschnittliche Höhe von 10—12 m hat. Wie bei Atiu und dem später zu nennenden Mangaia ist auch hier denudierte eruptive Erde in dicker Schicht auf die Oberfläche des gehobenen Ringriffs abgetragen. Der auf der Insel ansässige, brave und tüchtige Pflanzer und Händler deutscher Abkunft hat auf seinem Platz im Innern 60 englische Fuß, also 18,3 m, nach Wasser gebohrt, ohne auf Kalk oder anderen Stoff zu treffen, als diese Erde eruptiver Natur. Sie

[1]) Friederici, loc. cit. S. 143.

wurde nach unten hin heller, mehr rotgelb; deutliche Schichtung war wahrzunehmen. Diese Bohrung bestätigt die Auffassung von der geologischen Zusammensetzung der Cook-Inseln. Der Mann hat bis unter das Meeresniveau gebohrt, ist aber auf keinen Kalk gestoßen, weil er sich im Eruptivkegel befand.

Da dieser zersetzte Boden sehr fruchtbar und die Insel mit ihren geringen Höhenverhältnissen hauptsächlich aus ihm besteht, so ist Mauki sehr ergiebig. Allein der deutsche Pflanzer hat in einem Jahre 10000 Kisten Orangen und 120 Tons Kopra ausgeführt. Nur die Landungs- und Verfrachtungsverhältnisse sind höchst ungünstig.

Der ganze große Kern der Inseln Mangaia besteht aus zersetztem Eruptivgestein, aus derselben roten Erde, die wir schon auf den übrigen Inseln gefunden haben. Es ist ein stark erodiertes Hügelland mit tiefen Einschnitten und flachen Mulden, etwa wie Eua im Südteil. An diese Insel erinnert es insofern, als nur die Schluchten und Hänge mit Laubholz und Kulturpflanzen bestanden sind, während die Höhen, überhaupt sonst die ganze Insel, durchweg und ausnahmslos nur mit Gras oder niederer Vegetation bewachsen sind. Die rote Erde tritt hier an sehr vielen Stellen in großen nackten Flecken unmittelbar zutage.

Diese ganze eruptive Hauptmasse der Insel ruht auf einem Sockel — wie es aussieht — eines in zwei, stellenweise in drei Terrassen gehobenen Korallenkalkriffs. Die unterste Terrasse dieses gehobenen Riffs ist mit Kasuarinen und Kokospalmen bestanden; viele junge Anpflanzungen sind hier zu bemerken. An anderen Stellen ist diese Terrasse aber nahezu kahl. Die oberste Terrasse ist z. T. gut mit Laubholz und hohen alten Buschpalmen bestanden. Größere Bananen- und Taroanpflanzungen müssen in den Tälern mehr im Innern der Insel liegen. Denn obwohl die „Natuna“ um die halbe Insel herumdampfte, konnten solche nicht bemerkt werden. Um die ganze Insel herum scheint auf der Höhe der obersten Terrasse des gehobenen Riffs eine gute Straße zu führen; an ihrer Farbe läßt sie erkennen, daß auch das Riff hier, soweit wir das überblicken konnten, mit einer Schicht der von oben abgetragenen roten Erde bedeckt ist. Wie alle diese Inseln besitzt auch Mangaia nur ein sehr schmales Strandriff, an dessen Riffkante es steil in die Tiefe geht, und an das man ganz nahe heranfahren kann, ohne gefährliches Fahrwasser oder Ankergrund zu finden. Auf diesem Strandriff, dicht am Fuße der gehobenen Terrasse, saß das noch frische, in zwei Teile gebrochene Wrack eines modernen Segelschiffes.

Fig. 5.
Mangaia von Nordosten.

Fig. 6.
Mangaia; rechte Ecke von Süden gesehen.

Rímatara der Australgruppe, obwohl in den Hauptpunkten mit den genannten Cook-Inseln übereinstimmend, weist doch einige beachtenswerte Unterschiede auf. Im Gegensatz zu ihnen und zu den Angaben in Finlays „Directory of the South Pacific“ besitzt Rimatara zunächst einen Ankerplatz. Die „Natuna“ ankerte am Vormittage des 26. Juni 1909 ganz ausgezeichnet in 15 Faden Tiefe. Das schmale und für Landung höchst unangenehme Strandriff geht zwar auch an der äußeren Riffkante steil hinab, aber zunächst nur zu Tiefen von rund 25 m. Die zweite Merkwürdigkeit zeigt das Strandriff selbst. An der Süd- und Südwestseite der Insel macht es nämlich äußerlich ganz den Eindruck eines Barrièreriffs. Es ist viel breiter geworden und auf großen Strecken befindet sich hier zwischen Landstrand und der weit ausliegenden Riffkante eine Fahrrinne, die so tief ist, daß Eingeborenenboote immer, europäische Boote meist hier fahren können. Wir haben also auf einer sehr kleinen Insel die Formen von gehobenem Riff, Strandriff und Barrièreriff nebeneinander.

Gleich nach Verlassen des Dorfes Anapótu, das auf dem gehobenen Riffring liegt, beginnt zersetztes Eruptivgestein, das genau wie bei Atiu, Mitiaro, Mauki und Mangaia als roter Laterit die ganze Insel überdeckt. Rings um die Insel herum — soweit ich untersucht habe — ist nur ein sehr schmaler, manchmal nur 10 bis 20 m breiter Rand unbedeckten Madreporenkalks oder feinen zerriebenen Kalksandes stehen geblieben. Dort, wo solcher Kalksand aufliegt, kann man deutlich eine Zone erkennen, wo dieser Sand und Laterit gemischt sind. Das Eruptivgestein ist bis in erhebliche Tiefen vollständig zersetzt, aber noch völlig zusammenhaltend, läßt sich schneiden wie Käse und läßt an vielen Stellen die Struktur noch deutlich erkennen. Aus einiger Entfernung sieht es zuweilen aus, als sei das Gestein noch fest und kompakt. Wie in Mangaia sind alle Höhen und Rücken nur mit Gras, Kräutern und niedrigem Busch bewachsen, wie Mangaia sieht die Insel Rimatara aus der Ferne kahl und unfruchtbar aus. Aber die geschützten Schluchten und Täler sind schön mit Kokospalmen, Bananen, Orangen, etwas Kaffee und minderwertiger Baumwolle bestanden. Im Innern von Mangaia wird es wohl ähnlich aussehen. Auch auf Rimatara ist die Kasuarine der Charakterbaum unter den wildwachsenden Bäumen, aber auch Pandanus und Kalophyllum inophyllum sind häufig. Taro wird in Tarosümpfen angebaut und ist, wie aller Sumpftaro, bitter und minderwertig in den Augen von Leuten, die wie ich und meine melanesischen Jungens an den prächtigen Bergtaro des Archipels und von Neu-Guinea gewohnt waren. Die Vegetationsverteilung, kahle Höhen und üppige Täler, hängt ganz offenbar, wie auf Eua, mit den Windverhältnissen und mit der Tatsache zusammen, daß der kompakte und sehr feste Boden der Höhen für die meisten Pflanzenkeime erst durchdringbar wird, wenn er als gelockerter Boden die Hänge hinab in die Täler geführt worden ist. Bei den Palmen spielt der Schutz in den Tälern sicherlich eine Hauptrolle, denn unter den rund 23° südl. Breite von Rimatara ist die südliche Palmengrenze bald erreicht.

Unter der Vegetation der Höhen fiel mir Ipomoea pescaprae auf, die man in Neu-Guinea und im Archipel nur auf dem Strand zu finden gewohnt ist.[1])

Der Weg zur Erkundung ging quer durch die Insel, beim Dorfe Anapotu beginnend und schließlich bei Mutuáura endigend. Hier befindet sich das vorhin erwähnte Barrièreriff und von hier aus wurde am Strande nach Anapotu zurückgekehrt. Unterwegs wurden verschiedene Höhen bestiegen und ihre Erhebungen auf 47, 68, 69, 77 und 79 m festgestellt. Letztere ist offenbar die höchste Erhebung der Insel. Die genau westlich (274°)

[1]) Daß es Ipomoea pes-caprae war, bestätigt Drake del Castillo: „Flore de la Polynésie Française“ (Paris 1893), S. 132.

von ihr gelegene Höhe mit der einzelnen Palme wurde nicht bestiegen.

Im Norden der Insel befindet sich, ganz ähnlich wie auf Mitiaro, eine sumpfige Niederung, eine Art Lagune, an deren Rändern sich die Masse der Tarofelder der Eingeborenen befindet. Als eine Etappe in der Entwickelung fortschreitender Denudation, die von einer Insel wie Mauki zu einem Atoll wie Nissan führt, paßt Rimatara ausgezeichnet hierher. Denn wir haben nun die Reihe: Mauki — Rimatara — Mitiaro — Nissan, die es in der Tat wahrscheinlich macht, daß ein gehobenes Atoll aus einer mitsamt seinem Strandriff gehobenen Eruptivkuppe entstehen kann.

Diese durch die Natur bedingte Verschiedenartigkeit der Südseeinseln, die ich im Vorstehenden zu skizzieren versucht habe, bietet nun eine Mannigfaltigkeit von Bildern, welche der Reisende, der sie zu würdigen versteht, so bald nicht vergessen wird. Die erste Koralleninsel, auf der Sapper und ich einige Zeit verweilten, Kung bei Neu-Hannover, besitzt ihre großen Reize. Besonders eindrucksvoll wirkten die Abende mit ihrem herrlichen Sternenhimmel, mit dem Leuchten der Glühwürmchen, dem Zirpen der Zikaden im Urwald und dem eintönigen melancholischen Gesang unserer schwarzen Jungens, der vom Strand heraufkam. Manches Mal haben Sapper und ich, gemeinsam oder jeder für sich allein, stillschweigend am Strande gestanden, um das prachtvolle Schauspiel der kurzen Abenddämmerung zu genießen: vor uns im Wasser drei unserer Jungens, nur vom Gürtel an sichtbar, beim Fischen; neben uns auf dem Strand, blendendweiß und leuchtend, meine beiden Auslegerboote; gegenüber die nebelhaften Höhen von Neu-Hannover, die sich aber scharf von dem prächtigen Sternenhimmel abheben. Über ihnen steht strahlend das Südliche Kreuz, während zur Rechten der Orion über Palmenwedeln emporkommt. Später im Jahre, als das Kreuz zu diesen Stunden nicht sichtbar war, ist es der Skorpion gewesen, der mich so oft als Hintergrund der Südseelandschaften erfreut hat. Der Skorpion, wenn er hoch am Himmel steht, ist eines der schönsten Sternenbilder.

Besonders prächtige Korallenstrandbilder habe ich in den Tabar-Inseln gesehen. Hierher gehören die Küstenpartieen des Nordrandes von Simberi und die Süd- und Südostküste von

Tabar. Der Nordstrand von Simberi zeigt abwechselnd und stellenweise die stehengebliebenen schroffen und zernagten Wände der gehobenen Kalkterrasse und die blendendweißen Strandstreifen, denen hier die abradierte Terrasse Platz gemacht hat. Solche stehengebliebene Reste alter Terrassen sind sehr häufig in der Südsee; als ein weiteres typisches Beispiel nenne ich beiläufig die Karolinen-Insel Feis. Auf der Nordküste von Simberi ist das tiefunterspülte Kalkkliff dicht mit Pandanus und Kokospalmen besetzt, während unten schon eine leichte Dünung genügt, um eine hochspritzende Brandung zu erzeugen. Der dazwischenliegende weiße Strand ist streckenweise sehr lieblich: überall Palmen, überall Besiedelung; im Hintergrunde darüber besiedelte Höhen, auf deren Hängen zuweilen Taro- und Bananenpflanzungen der Eingeborenen zu erkennen sind. Auf den Höhen befinden sich hier und da scharfkantige, isolierte Erhebungen, die wie Zitadellen aussehen; es sind offenbar gehobene Riffterrassen. Ganz ähnlich, vielleicht noch großartiger, aber dabei doch lieblich, ist das Bild an der Südküste von Tabar. Mit dumpfem Knall geht die See an den ausgehöhlten Kalkfelsen in die Höhe; ganz dicht vorbeifahrend geriet mein Boot einmal fast in den Strudel. Palmen, Taro- und Bananenfelder gehen bis hoch in die Berge hinauf. Die langen, schlanken, weißgrauen Stämme der Palmen und die mächtigen weißen abgestorbenen Baumriesen oben in den Pflanzungen heben sich prächtig von dem sonst lückenlosen dunkelgrünen Hintergrund ab, der für die Insel Tabar charakteristisch ist. Unten wechselt das graue gehobene Riff mit weißem Korallenstrand ab, auf dem unter wehenden Palmen die Hütten der Insulaner stehen. Eingeborene laufen hin und her, einige mit neuem roten Lawalawa angetan, wahrscheinlich zu meiner Begrüßung. Aber eine Landung ist bei dem hochgehenden Meere und dem Fehlen jeglicher Bootseinfahrt unmöglich.

Ein ganz anderes Strandbild liefern die so häufigen, düsteren Mangroven-Wälder, in denen man nie weiß, wo das Land aufhört und die See beginnt. Ausgedehnte Striche der Küste von Neu-Hannover werden von dieser Vegetationsform eingenommen. Eine Fahrt auf den Flüssen Matauta und Matatui an der Westecke dieser Insel ist prächtig-schaurig; es erfordert die ganze Gewandtheit der Eingeborenen, um mit den breiten Auslegerbooten hier überhaupt durchzukommen. Die riesigen Stelzenwurzeln der Rhizophoren machen in der düsteren Beleuchtung einen gespensterhaften Eindruck. Man kann sich wohl vorstellen, daß in dieser Umgebung ein fallendes Blatt, ein huschender Vogel die abergläubigen Eingeborenen mit Geisterfurcht erfüllen.

Auch sonst ist die Strandvegetation recht verschieden: während für den Kalkstrand Kokospalmen, Kalophyllum, Barringtonia und Cordia subcordata charakteristisch sind, traf ich im Sandstrand von Nord-Neu-Guinea neben der von Menschenhand gepflanzten Kokospalme in der Hauptsache Pandanus und Cycas. Pandanus bildet hier vollständige Wälder, wie auf den Atollen der Tuamotu-Gruppe; stundenlang geht man unter Pandanus; unter Pandanus habe ich in meiner Hängematte geschlafen. Crinum säumt hier den oberen Rand der ersten Stranddüne wie eine Hecke, und Ipomoea pes-caprae beherrscht hier, wie auf den Kalkgestaden des Archipels die Strandfläche.

Wieder anders wird die Vegetation, wenn man sich den Mündungsgebieten größerer Flüsse nähert. Neben Mangrove- und Sagu-Sümpfen ist es hier besonders die Nipa-Palme, die, wenigstens in Neu-Guinea, der Landschaft den Charakter gibt. Am Augusta-Strom sieht man Nipa-Wedel von 15—18 m Länge.

Auf den Kalk- oder zusammengesetzten Inseln des Bismarck-Archipels fließen die Gewässer häufig unterirdisch ins Meer oder sie kommen erst einige hundert Meter vor der Mündungsstelle aus einer Höhle des gehobenen Riffs heraus. Sapper und ich haben vielfach solche Gewässer angetroffen; ich nenne nur den Dombarau der Namatanai-Gegend, der unter der Straße aus dem Korallenkalk hervorkommt; ferner Vatakísing, Dangkúchon und Grende der Wegestrecke Katéndan—Lambú, von denen der zweite in Gestalt eines Wasserfalls aus einer Kalkwand hervorkommt und sogleich wieder unterirdisch verschwindet; schließlich Avuvút der Komalú-Gegend, Neu-Mecklenburg, und den Lakíti von Nakanai, Neu-Pommern. Bäche und Flüsse, die unterirdisch durch den Kalksand rieseln oder fließen, entgehen dem darüber schreitenden unkundigen Wanderer sehr leicht. Die Eingeborenen aber kennen sie und graben am Strand Brunnen auf sie hinab, wenn sie sich in der Nähe einer Ansiedlung befinden. Solche Süßwasserbrunnen dicht am Meeresstrand habe ich in West-Neu-Mecklenburg mehrfach angetroffen.

Sehr anders wird die Vegetation, wenn man, sich ins Innere wendend, den Urwald betritt. Während niederes Gebüsch, wie Curculigo- und Eucharis-Arten, unten wachsende Orchideen und ähnliche Pflanzen den Boden bedecken, gehen Kletterpflanzen, wie Epipremnum- und Rhaphidophora-Arten mit ihren prächtigen Blättern hoch an den Waldriesen empor. Höchst unangenehm können unter den Kletterpflanzen Calamus-(Rottang-)Arten werden, die mit ihren Widerhaken sich in den Kleidern festsetzen, den Hut vom Kopfe reißen und einen Regenschirm in kurzer Zeit gänzlich unbrauchbar machen. Höchst peinlich können auch die auf Schlinggewächsen und Epiphyten hausenden bissigen Ameisen werden. Zum Glück werden sie von den begleitenden Melanesiern immer rechtzeitig entdeckt, und der Warnruf ertönt: „Master, look out! liklik something he fight!“ d. h. „Achtung, Herr! beißende Ameisen!“

Die großen Bäume des Urwaldes botanisch zu bestimmen, dürfte wohl selbst dem wandernden Fachmann nicht immer gelingen. Die riesigen, glatten, astlosen Stämme nehmen ihm jede Gelegenheit, sich Blätter und Blüten zu verschaffen, falls er nicht längere Zeit zum Sammeln in der Gegend verweilt. Eine niedliche, charakteristische Geschichte in dieser Hinsicht erzählte mir ein höherer Beamter der Kolonie, der, wie ich aus eigener Erfahrung weiß, immer bemüht war, seine Kenntnisse auf allen möglichen Gebieten zu vermehren. Er war einmal bei einem Marsch durch den Urwald von einem Missionar begleitet worden, der in dem Geruch stand, ein Botaniker zu sein. Diese Gelegenheit nun hatte jener Beamte benutzen wollen, um seine nur ganz mangelhafte Kenntnis der Hochwaldflora zu vermehren. Jedesmal aber, wenn er den ehrwürdigen Herrn nach dem Namen eines entgegentretenden Waldriesen gefragt habe, sei ihm die Antwort geworden: „Ach, das ist der bekannte Buschbaum.“

Ich selbst habe mit Hilfe von Skizzen, mitgebrachten Blättern und besonders mit Unterstützung meines Barriai-Jungen Kabui im Botanischen Garten von Buitenzorg, Java, etwa ein halbes Dutzend jener Baumriesen feststellen können. Alle anderen sind mir unbekannt.

Sehr anders wird das Vegetationsbild, wenn man sich den großen Alang-Alang-Flächen nähert, die auch in Deutsch-

Neu-Guinea, besonders in Neu-Pommern, nicht fehlen. Hier wird dieses Gras, der größte Feind der Palmenplantagen, Kunei genannt. Neben dem Hauptbestandteil von Imperata arundinacea findet man an den Rändern solcher Flächen Alpinien und andere Zingiberaceen; Hedychium-, Nicolaia-, Amomum- oder Horstedtia-Arten sind in Menge darunter. Auch wilde Bananen pflegen an solchen Stellen zu stehen. Eine derartig zusammengesetzte Vegetation bezeichnet häufig die Stellen ehemaliger Dörfer oder aufgegebener Taropflanzungen. Man erkennt ersteres nicht selten an einzeln stehen gebliebenen Exemplaren der in Ansiedlungen so beliebten Ziersträucher Codiaeum variegatum und Cordyline spec., zuweilen auch einer Araliacee. War es aber eine verlassene Pflanzung, so stößt man wohl noch manchmal auf alte vermoderte Zaunreste oder einzeln stehen gebliebene Bananen.

Die großen Kunei-Flächen selbst sind mir nie eine freundliche Erscheinung gewesen. Die Gräser erreichen sehr häufig Mannshöhe. Ein Marsch durch solche Strecken ist höchst beschwerlich und für den arbeitenden Topographen häufig unbefriedigend und ermüdend. Kein Luftzug bewegt die heiße, feuchte und schwere Luft, die in einem solchen Dschungel steht. Auf den ganz schmalen Zickzackwegen der Eingeborenen kann man immer nur wenige Schritte voraussehen. Da nun bei der Höhe des Grases ein Vorausschicken von Leuten als Anpeilungspunkte nichts nützt, so muß der Topograph alle paar Schritte eine neue Richtung festlegen, falls es ihm nicht vor dem Betreten dieser Gegend gelungen war, mit Sicherheit die allgemeine Richtung des Weges festzustellen. Ein Marsch durch solche Strecken ist für den unbehindert marschierenden Reisenden vielleicht sogar eine Erholung, bedeutet ein Aufatmen, wenn er aus dem Urwald endlich heraustritt; für den arbeitenden Topographen dagegen kommt er an Beschwerlichkeit unter Umständen gleich hinter einem Marsch durch Mangroven oder einen Sagu-Sumpf.

Im Innern des Landes sind es neben der Vegetation besonders die Berge und der Ausblick, den sie gewähren, welche der Landschaft ihren Reiz, ihre Eigenart, ihre Vielseitigkeit geben. Im Innern des westlichen Neu-Hannover traf ich Dörfer, die wie Felsennester auf Höhen liegen, wie sie einem Burgherren des Mittelalters gepaßt hätten. In Kabi steht man hoch über dem Kulimeua, ohne ihn zu sehen, aber man hört sein Rauschen, als wäre er dicht daneben. Von Kalumkati her tönen Trommelsignale über den schweigenden Urwald, natürlich meinetwegen, dessen Kommen weitersignalisiert wird. Hier und da zeigen in der Ferne dünne aus dem Grün des Waldes emporsteigende Rauchwolken ein Dorf oder eine Pflanzung an. Bei Nacht ist der Ausblick nicht weniger eigenartig. Ein dicker, weißer, gleichmäßiger Nebel täuscht das Ebenbild des Meeres vor, das die hohen Berge im Westen, Süden und Osten als Küste umrahmen, dessen Brandung das Rauschen des unsichtbaren Kulimeua nachahmt, während zahllose Leuchtkäfer und Glühwürmchen in und über der Nebelschicht der Wiederschein der blitzenden Sterne im Wasser zu sein scheinen. Als dann der Mond in riesiger Größe in einer Berglücke aufging, wurde dieses Trugbild zwar zerstört, aber eine Berglandschaft von eigenartiger Schönheit beleuchtet. In der Tat, die Natur in den Südseetropen ist fast immer schön, ob man nun durch die Bambuswälder von Simberi geht, unter den Cycadeen von Neu-Guinea oder in den düsteren Palmenhainen der Plantagen um Herbertshöhe.

Viele Bilder erhalten Leben und Reiz erst durch den Menschen. So die allabendlichen Szenen am Lagerfeuer, wenn die schwarzen Gestalten rauchend um mich und das brennende Feuer hockten, schweigend meinem Abendessen zusehend oder im Gespräch mit mir über den Weg des kommenden Tages und die Verhältnisse des Platzes. Hierher gehört vor allen Dingen das Leben und Treiben in einem primitiven melanesischen Dorf, das man nur unverfälscht sehen kann, wenn man längere Zeit an diesem Platz verweilt hat oder sonst den Leuten ein guter Bekannter ist. Die wichtigste Stunde des Tages ist in Lamassa die, welche dem Sonnenuntergang vorausgeht. Wenn das Wasserboot von seiner allabendlichen Fahrt zum gegenüberliegenden Biwa-Bach zurückgekehrt ist, wenn die Weiber das Abendessen gekocht und an ihre Familienmitglieder verteilt haben, dann liegen die Männer und Jungens am Strand, die Weiber, Mädchen und kleinen Kinder in Gruppen vor ihren Hütten. Zwischen ihnen treiben sich die immer hungrigen, mageren Hunde herum und die soeben aus dem Walde zur bestimmten Stunde heimgekehrten Schweine, an ihrer Spitze der dicke Eber Tógalo, der auf seinen Namen hört wie ein

Hund. Die Hunde halten sich mehr zu den Männern, die Schweine zu den Weibern, beide erpicht, sich gegenseitig die abgefallenen Happen unter Knurren, Grunzen und Beißen streitig zu machen. Neben der Männergruppe liegen oder stehen in greifbarer Nähe immer einige vielzackige Fischspeere.

Plötzlich springt ein Junge auf, ergreift einen Speer und schleudert ihn, meist ohne Erfolg, auf einen erspähten Fisch. Manchmal springt alles auf mit einem Satz, als wäre der Boden plötzlich heiß geworden, und in einer Aufgeregtheit, die scharf mit der Ruhe von vorher kontrastiert. Das ist, wenn ein Schwarm Sardinen, von Raubfischen verfolgt und in die Enge getrieben, dem Strande zuschießt und in der Angst zum Teil aufs Land springt. Jeder rafft zusammen, was er nur fassen kann, in erster Linie als Köder zum Fischfang, dann aber auch, wenn die Ernte ergiebig war, zum Verzehren. So gehen 1 bis 2 Nachmittag- und Abendstunden dahin; dem Essen folgt die Pfeife, solange Tabak vorhanden ist. Das war in Lamassa während meiner Anwesenheit immer der Fall. Denn wer nichts mehr hatte, erwies mir irgend einen freiwilligen Liebesdienst mit dem stillen Hintergedanken, dafür etwas Tabak zu erhalten und sei es auch nur eine Pfeife voll. Auf dem Platz des Männerhauses lag ein dicker Baumstamm, den sich die Raucher mit Vorliebe nach dem Essen als Platz für ihre Siesta auszusuchen pflegten, etwa so, wie sich bei uns der Großvater mit seiner Pfeife in den Sorgenstuhl zurückzieht. Aber sie benutzten diesen Stamm nicht etwa als Rückenlehne, sondern setzten sich oben darauf in Hockstellung. So habe ich einige Male fünf nebeneinander auf diesem Baumstamm hocken sehen, alle mit derselben Front, alle ohne Ausnahme die Pfeife im Maul und alle schweigend und unbeweglich, so daß nur aus dem hochsteigenden Pfeifenqualm zu entnehmen ist, daß diese Gruppe lebt. Sie sehen aus wie eine Reihe sitzender Adler im Vogelkäfig eines zoologischen Gartens.

Ein Platz, der auch viel von seinem Charakter durch seine Bevölkerung erhält, ist der Ort Sambuari am Fuße des Wotúma, Insel Tatau. Wie zumeist an der Westseite dieser Insel, ist auch hier der Strand von Mangrove-Vegetation eingenommen. Sowie man aber einige hundert Meter ins Innere gegangen ist, zeigt sich ein ganz verändertes Bild. Wir treten in eine Steinwildnis unter hohen Waldbäumen, die noch dazu

Tafel III.

V.

Phot. Dr. E. Wolf.

Matuávi, Atoll Sikayana.

VI.

Phot. Paul Schön.

Frauen und Mädchen von Mitiáro, Cook-Inseln.

sumpfig ist. Wie in Norwegen und im nördlichen Schweden muß man hier unter Steinen nach Erde suchen. Als ich mein Zelt, das mitzunehmen mir in diesem Falle mein Boot erlaubte, in dieser Wildnis aufschlagen lassen wollte, fand sich für die meisten Häringe keine Erde. Die Zeltschnüre mußten mit Lianen verlängert und an Bäumen befestigt werden. Der ganze Berg Wotuma ist ein riesiger Steinblock. Ganz ungeheure Blöcke treten zutage oder liegen abgesprengt unten am Fuß. Der benachbarte Berg Tsúmbura soll viel weniger diesen Steincharakter haben. Taro gedeiht hier nicht; wo er vorkommt oder sein Anbau versucht wurde, ist er bitter und macht krank. Tatau ist schon an und für sich eine schlechte Taroinsel. Sagu, Seemuscheln, Krebse und Fische bilden die Hauptnahrung der Bevölkerung, aber keine Einnahmequelle. Kokos- und Arekapalmen sind zwar in erheblicher Menge vorhanden, aber erstere tragen hier wenig und letztere bringen nichts ein. Mit Angst sehen die armen Leute dem kommenden Steuereinnehmer entgegen, für den sie mich anfangs hielten; nur mit Mühe waren sie zu bewegen, an das Meeresufer zu kommen. Sehr viele von ihnen, besonders Weiber, Kinder und ältere Männer, hatten noch nie einen weißen Mann gesehen. Die älteren Männer gehen noch fast durchweg vollständig nackend, irgend welcher Schmuck ist bei der ganzen Bevölkerung höchst selten. Es waren die ärmsten Leute, die ich bisher angetroffen hatte. Recht viele Hautkrankheiten und äußere Gebrechen, besonders an Beinen und Füßen, waren zu beobachten. Die Gegend ist sehr feucht und fußkalt; kaum ein Sonnenstrahl scheint bis zum Boden herabzureichen. Es war zweifellos der wüsteste Platz, auf dem ich in der Südsee bisher übernachtet hatte. Von Moskiten, wie ich befürchtet hatte, war aber merkwürdigerweise nichts zu bemerken, jedoch Hunderte von Zikaden machten die ganze Nacht hindurch einen ununterbrochenen Gesang, den Dutzende von Fröschen mit ihrem melancholischen Quaken begleiteten.

Die Bevölkerung ist durchaus harmlos, sonst hätte einem Angst in dieser schaurigen Umgebung werden können. Als ich mein erstes Essen einnahm, hockte um mich herum die ganze schwarze Gesellschaft, wie Paviane auf den Steinen, und verfolgte mit dem Ausdrucke des höchsten Erstaunens einen jeden Bissen in meinen Mund. Dicht über mir thronte auf einem mächtigen Block ein ganz alter Graubart, angetan mit den Kleidern, die er aus dem Mutterleibe mitgebracht hatte. Jeden ihm zugeworfenen Bissen Biskuit fing er mit Geschicklichkeit auf, um ihn dann unter behaglichem Streicheln der Kehle zu verzehren. Verfehlte er aber, was ihm zweimal passierte, seinen Bissen, dann stieg er mit Gemütsruhe von seinem Felsen herab, reinigte das Stück ein wenig vom Schmutz, stieg wieder auf seinen Thron hinauf und verspeiste es oben. Die anderen begleiteten diese Manöver durch Gelächter und bezeichnendes Augen- und Stirnwinken, als wollten sie sagen: „he save!“, „Der Feinschmecker!“

Die leider recht zahlreichen, wegen Rückgangs der Bevölkerung verlassenen Plätze, die Sapper und ich angetroffen haben, machen zwar an sich keinen so trüben Eindruck, wie dieses Sambuari; aber die Gedanken, die ihr Anblick auslöst, machen die Stimmung des Beschauers vielleicht noch gedrückter. So ist der nach King zu gelegene Teil des Dorfes Kait, Süd-Neu-Mecklenburg, völlig ausgestorben. Die Wege und Plätze sind bereits hoch mit Gras bewachsen, die Eingänge der noch gut erhaltenen Hütten dicht mit Spinngeweben behangen; Kirchhofsstille herrscht in diesem Dorfteil, den selbst die Hunde und Schweine zu meiden scheinen. Es ist ein Platz der Toten.

Friedhöfe pflegen immer ihrer Umgebung, der ganzen benachbarten Landschaft einen eigenen, ernsten Charakter zu geben. Aber sie sind selten in Deutsch-Neu-Guinea. Außer auf den polynesischen Inseln Nukumanu und Luaniua finden sie sich wohl nur bei den größeren Plätzen der Kolonie. Dafür sind einsame Gräber um so häufiger, und zwar nicht nur in den Dörfern der Eingeborenen, wo es die Sitte verlangt. Die einsamen Ruhestätten verstorbener Kolonisten, Händler, Seeleute sind zahlreicher auf den Inseln von Deutsch-Neu-Guinea, als im allgemeinen bekannt ist. Eine jede hat ihre Geschichte, die bald vergessen sein wird, wenn sich nicht Jemand dabei macht, sie für spätere Generationen aufzuzeichnen. Großgewordene Kolonien pflegen sich ihrer Vorväter gern zu erinnern, aber auch erst dann; vorher kümmerte sich kein Mensch darum. Einfache Seeleute und Pflanzer werden dann zu Helden, wenn man ihre Geschicke noch ans Tageslicht ziehen kann. Sapper und ich sind häufig auf solche einsamen Südseegräber gestoßen. Auf Kung liegt Kapitän Schmidt der Neu-Guinea-Kompagnie begraben, auf Ungalapu Charley Mönch, genannt Master Mannis, der sich sein Grab selbst gegraben hat. Ein schlimmer Südseecharakter hat seine Ruhestätte auf Nusaun gefunden, und auf dem Wege Ulaputur-Namatanai befindet sich ein Grabstein ohne Namen. Hier, im einsamen Grabe in der Wildnis, aber unweit der Station Namatanai, ruht auch Stabsarzt Dr. Emil Stephan, der betrauerte Leiter der Deutschen Marine-Expedition.

Auf Lamassa liegt ein Jünger des Kokosnußpropheten von Kabakón begraben, ein Grab, das mir merkwürdigerweise entgangen ist. Sapper jedoch hat es gesehen; es war stark verwischt und verwachsen. In ihm hat der Kapellmeister Lützow seine letzte Ruhe gefunden, der ein ausgezeichneter Klavierspieler gewesen war, aber der „Sonnenbrüderschaft" auf dieser fernen Insel zum Opfer fiel. Auf Lambom liegt „Master Mark" begraben, Peter Berendt, dessen große Verdienste um die Topographie von Neu-Mecklenburg bei manchem Zukurzkommen nicht vergessen werden sollen. Endlich liegt hier noch der Friedhof von Port-Breton, das Grab der Marquis de Rays-Expedition.

Nicht ohne Mühe konnte ich meine Begleiter bewegen, die Kirchhofsspitze zu besuchen. Es war zwar keiner von denen bei mir, welche die französische Katastrophe miterlebt hatten, aber alle kannten die Einzelheiten sehr genau. Sie sagten natürlich auch nicht, daß sie Angst vor den Toten hätten, sondern gaben andere törichte Vorwände an; ich kannte aber meine Pappenheimer ganz genau. Ich bin dann schließlich etwas in das Dickicht vorgedrungen, aber weit bin ich nicht gekommen; der Friedhof, der so vollkommen mit Grabstätten ausgefüllt war, daß sich nicht mehr ein Platz fand, um den Kapitän Mélix dort zu bestatten,[1]) unterscheidet sich heute in nichts von dem Urwald der Nachbarschaft. Nur die Tradition der Eingeborenen von Lambom, die mit der Karte des Oberst Le Prevost übereinstimmt, weist noch den Ort an, wo so viele verführte Franzosen ihre letzte Ruhestätte fanden.

„Die Koralle wächst, die Palme nimmt zu, doch der Mensch muß scheiden", sagt ein Tahitisches Sprichwort, und schön hat es Robert Louis Stevenson ausgedrückt, wenn er schreibt: „Few men who come to the islands leave them; they grow grey where they alighted; the palm-shades and the trade-wind fans

[1]) Baudouin: „L'Aventure de Port-Breton" (Paris, s. d.), S. 255, 256.

them till they die, perhaps cherishing to the last the fancy of a visit home, which is rarely made, more rarely enjoyed, and yet more rarely repeated.“ [1]) Sie alle habe ich kennen gelernt: Leute, die alle 3 Jahre zu einem Besuch in die alte Heimat fahren, jedesmal enttäuscht zurückkehren, aber nach einiger Zeit anfangen, sich auf den nächsten Besuch zu freuen; Leute, die in die Heimat zurückkehrten, um sich dort zur Ruhe zu setzen, aber nach kurzer Zeit enttäuscht in die Südsee zurückkamen, um dort zu bleiben und zu sterben; Leute endlich, die seit Dekaden draußen sind, nie die Heimat wieder gesehen haben, aber immer Pläne machen es zu tun und schließlich darüber sterben. Zu ihnen gehörte auch ein alter braver Chandernagor-Mann, Händler Coenen, der Sapper und mir manche Südseegeschichte erzählt hat. Die Hoffnung, nach dreißigjähriger Abwesenheit die Heimat noch einmal wiedersehen zu können, hatte er nicht aufgegeben und brachte sie manches Mal, wenn auch bescheiden und zögernd, zum Ausdruck. Wir wußten wohl, daß der Alte weder mehr so recht in die Heimat hineinpaßte, noch auch die Mittel besaß, eine Heimreise zu bestreiten, aber wir bestärkten ihn gern in seiner stillen Hoffnung.

Jetzt ist auch dieser alte Chandernagor-Mann dahin und liegt unter den Palmen seiner Südseeheimat begraben.

---

[1]) Stevenson: „In the South Seas“ (Leipzig 1901, Tauchnitz), S. 10 bis 11.

Pflanzenwanderungen längs der Ill, des Rheines und der Eisenbahn.

Vortrag, gehalten am 9. Mai 1911 von Privatdozent Dr. E. Krause.

Am Rande des Illwaldes zwischen dem Murhof und Ostwald findet man im Juli eine meterhohe Veronica mit fingerlangen blauen Blumenähren, Veronica longifolia. Sie wächst im Elsaß nicht am Rheine; und es gibt noch mehrere Pflanzen, die man hierzulande nur im Gebiete der Ill antrifft.

Wie kommt das?

Eine Art, von der wir genau Bescheid wissen, ist Collomia grandiflora. Sie stammt aus Amerika, wurde 1846 von Nap. Baumann bei Bollweiler an der Thur ausgesät, bürgerte sich ein, breitete sich stromabwärts zur Ill aus und längs dieser bis unterhalb Schlettstadt. Auch stromaufwärts wanderte sie und ist bei Sennheim häufig.

Veronica longifolia wächst in Deutschland an vielen Stellen längs der Hauptströme und in den alten Tälern, welche Norddeutschland ostwestlich durchziehen. In Frankreich ist sie dagegen sehr selten, und erst in diesem Jahrhundert bemerkt (Mont d'Aubrac, Dpt. Lozère). Im Elsaß ist sie festgestellt zwischen Herlisheim und Colmar, bei Ebersmünster und Hilsenheim und hier bei Straßburg. In Baden erscheint sie am Rheine bei Memprechtshofen, also gerade der Illmündung gegenüber, und an mehreren stromabwärts gelegenen Orten. Stromaufwärts ist sie vor 100 Jahren bei Kehl und Goldscheuer gewesen. Diese Fundorte lassen sich auch mit der Ill in Beziehung bringen, da von jeher von Erstein abwärts Hochwasserüberläufe von der Ill zum Rheine stattgefunden haben. Auch ein verschollener Standort bei der Ganzau zu Straßburg läßt sich von der Ill herleiten, da der dort vorbeifließende krumme Rhein oberhalb Plobsheim Illüberläufe aufnahm. Auffallenderweise ist nun diese Veronica in den Gebirgen, denen die Ill ihr Wasser verdankt, nicht zu finden, sie kommt weder im Jura noch in den Vogesen vor, übrigens auch nicht in den Schweizer Alpen. Sie ist höchstwahrscheinlich auch ein Neusiedler im Elsaß, wennschon älter als Collomia.

Unsere Veronica war nämlich im 16. Jahrhundert als wilde Pflanze nur in Ungarn und den Ostalpen bekannt, damals wurde sie in die Gärten als Zierblume aufgenommen und fand hauptsächlich in den Niederlanden Anklang. Die oberrheinischen Botaniker kannten sie im 16. Jahrhundert nur aus Büchern, im 17. Jahrhundert als Gartenblume, und im 18. Jahrhundert, in der 1742 aus Markus Mappus Nachlaß von Ehrmann herausgegebenen Historia plantarum Alsaticarum, erscheint sie zum ersten Male hier als heimisch, und zwar im Illkircher Wald, bei Ostwald und hinter dem Murhof. Daß eine als Uferwaldbewohnerin organisierte Art bei ihrer Auswanderung aus der Gartenkultur nicht am Rheine, sondern nur im Illgebiete sich festsetzte, ist begreiflich, da die größeren und mittleren Städte, die Zentren des Gartenbaus, im Elsaß durchweg abseits vom Rheine und der Ill benachbart liegen.

Als dritte im Elsaß dem Illgebiete eigene Pflanze sei Geranium palustre erwähnt, eine wilde Art des Storchschnabels. Sie ist den Botanikern spät bekannt geworden. Von den vielen eifrigen Sammlern und Forschern des 16. Jahrhunderts hat nur Clusius sie gefunden, und zwar östlich von Nürnberg an der Straße nach Prag. Im 17. Jahrhundert erfahren wir von ihrem Dasein nur aus zwei Nürnberger Gärten, dem durch Basil Beslers Beschreibung von 1613 berühmt gewordenen Garten des Bischofs von Eichstätt, Corn. v. Gemmingen, und dem Botanischen Garten zu Altdorf, dessen Katalog Hoffmann 1662 drucken ließ. Erst im 18. Jahrhundert wurde dies Geranium zum zweiten Male wildwachsend beobachtet, und zwar von Dillenius bei Gießen, der nahm es mit nach England in den Sherardschen Garten zu Eltham und gab 1732 eine gute Abbildung und Beschreibung davon. Linné lernte die Art erst 1756 kennen (Centuria II). Im Elsaß entdeckte sie Kirschleger 1821 bei Bergheim, darnach fand sie Nicklès bei Benfeld, wo sie in den Wäldern gegen Herbsheim jetzt recht häufig ist.

Gegenwärtig ist unser Geranium palustre im östlichen Mitteleuropa ziemlich verbreitet bis zu einer Linie, welche durch Hannover, Westfalen und die preußische Rheinprovinz und weiter durch Hessen, das nördliche Baden und Württemberg zum Bodensee verläuft. Im westlichen Mitteleuropa dagegen erscheint ihr Hauptwohngebiet als ein südliches, dessen Nordgrenze vom Bodensee über Basel und Belfort zur Franche-Comté geht. Noch weiter westwärts ist die Pflanze nur noch selten am Fuße der Pyrenäen zu finden. Von dem südwestlichen Wohngebiet nun strahlen mehrere Reihen von Standorten nordwärts aus, eine am Westrande der Vogesen bis Epinal, eine zweite im Elsaß bis Benfeld und die dritte in Baden bis zum Kaiserstuhl. In der Pfalz und Deutsch-Lothringen, den Niederlanden und dem größten Teile von Frankreich fehlt die Pflanze. Wenn man bedenkt, wie eifrig im 16. Jahrhundert die Länder von Lyon bis zum Sundgau, die Nordschweiz und das Rheingebiet botanisch erforscht sind, so kann man schwer annehmen, daß eine so eigentümliche und immerhin großblumige Storchschnabelart sollte übersehen sein. Viel wahrscheinlicher ist mir, daß dieselbe in den letzten Jahrhunderten sich über ihr früheres Gebiet hinaus verbreitet und erst unlängst die Rheinebene erreicht hat. Daß wilde Tiere und wilde Völker wandern, weiß man, von wilden Pflanzen muß man zugeben, daß sie in ferner Vorzeit unter dem Einflusse wechselnder Klimate ihre Standorte gewechselt haben — für die Gegenwart wollen manche Pflanzengeographen nur Wanderungen von Unkräutern und Kulturpflanzen gelten lassen, in der Annahme, daß die wilden Arten dem Klima und dem Boden entsprechend ihre ohne menschliches Eingreifen erreichbaren Standorte bereits erreicht hätten. Exakt widerlegen kann man solche Behauptung nie, denn es gibt keinen Platz in unserem Lande, der nicht irgendwie durch Land- oder Forstwirtschaft, wenn auch in noch so extensiver Weise, beeinflußt wäre, und es gibt keine wilde Pflanze, die man nicht von irgend einem Gesichtspunkte entweder als Nutzpflanze oder als Unkraut betrachten könnte. Man würde also über das Ziel hinaus schießen, wenn man die Behauptung vertreten wollte, unser Geranium sei nicht nur in den letzten Jahrhunderten gewandert, sondern es würde auch ebenso gewandert sein, wenn unser Land kein Kulturland wäre. Nur das möchte ich behaupten, daß unter den gegenwärtigen Verhältnissen außer den Kulturpflanzen und den eigentlichen Unkräutern auch solche Pflanzen ihr Wohngebiet auszudehnen vermögen, die man gemeinhin als wilde und in Mitteleuropa heimische auffaßt. Die Einrede, daß als neu angesprochene Standorte wilder Pflanzen gar nicht neu, sondern nur bis dahin übersehen seien, läßt sich nicht immer, auch bei unsrem Geranium nicht, mit zwingenden Gründen widerlegen. Doch gibt es einzelne Fälle, in denen solche Neusiedelungen von Landpflanzen auf dem Boden abgelassener Gewässer oder von Wasserpflanzen in Kanälen, von Waldpflanzen in auf früher urbarem Lande angelegten Forsten festgestellt werden konnten.

Während die im Elsaß an das Illgebiet gebundenen Pflanzenarten verhältnismäßig gering an Zahl und teils sicher, teils wahrscheinlich Neubürger der Flora sind, treffen wir am Ufer des Rheines viel mehr Eigenart und neben unverkennbaren Zuwanderern (amerikanische Aster- und Solidagoarten) auch Altelsässer, die sich freilich in diesem Falle von Altbadenern und Altschweizern durch nichts unterscheiden. Als Beispiel sei Hippophaë rhamnoides gewählt, hier Rheindorn genannt, im Norden Stranddorn oder Sanddorn. Wie die meisten Dornsträucher ist er sommerdürren Standorten angepaßt, hält sich nicht unter dem Schatten der Bäume, sondern gedeiht auf offenen Plätzen, hier auf den Rheindämmen und auf Kies- und Sandflächen in deren Nähe. Im Norden findet man ihn auf den Dünen von Borkum und Jütland, wo die Sommersonne zwar nicht so brennt, wie am Oberrhein, dafür aber die Winde den Pflanzen viel Feuchtigkeit entziehen. An der Ostsee steht Hippophaë z. B. am Kreideufer von Mön, an vielen anderen Orten ist sie zur Bindung des Flugsandes angepflanzt. Recht häufig findet man unseren Strauch in den oberen Alpentälern, doch geht er weder hier über die Baumgrenze noch tritt er im Norden auf die Tundra hinaus; seine Standorte liegen zerstreut an waldlosen Plätzen innerhalb der Waldzone. Früher ist seine Verbreitung in Mitteleuropa wahrscheinlich eine allgemeinere gewesen. Nach der Eiszeit, als die alte aus Alm und Tundra gemischte Vegetation allmählich dem Walde wich, als der werdende Wald noch durch Ungunst des rohen Bodens und durch Wildschaden niedergehalten wurde, da war für Hippophaë die beste Zeit. Für das Ostseegebiet ist ihre damalige Existenz durch Fossilfunde nachgewiesen, und ihr gleichzeitiges Vorkommen im Alpenvorlande ist kaum zu bezweifeln. Jetzt machen Hippophaë und Genossen (Tamarix germanica, Salix incana, Scrofularia canina usw.) den Eindruck, als seien sie vom Rheine aus den Alpen herabgeschwemmt, denn dort sind sie häufiger und hier unten ganz an die Ufer der Alpenströme gebunden, aber historisch betrachtet, ergibt sich ein umgekehrtes Verhältnis. In der Rheinebene waren die Wachstumsbedingungen für diese Arten günstig, als die Alpentäler noch ganz von Gletschereis erfüllt waren. Damals war das Bett des Rheines viel breiter als jetzt, reichte, wie die Kiesablagerungen beweisen, bis zum jetzigen linken Illstaden. Damals gab es sommertrockne Sand- und Kiesbänke in großer Ausdehnung, die Vegetationsbedingungen waren hier ungefähr so, wie sie jetzt in den inneren Alpentälern sind, und als es auch dort eisfrei geworden war, zog Hippophaë nebst anderen von unten her dort ein. Wie der Rhein sich einschränkte, und wie ihn schließlich die Menschen zwischen Dämme zwangen, so mußte auch Hippophaë ihr Wohngebiet hier unten einschränken. Auf dem alten Rheinkies, an den verlandeten Altwässern war ihres Bleibens nicht. Man findet sie nur zwischen Hochwasserdamm und Rhein — ganz ausnahmsweise einmal sonst in einer frischen Kiesgrube oder dgl. In den Alpen ist jetzt ihr Hauptwohngebiet. Bei diesem Gebundensein an den gegenwärtigen Strom macht unser Strauch, wie gesagt, den Eindruck, als sei er (in Gestalt von Wurzelausläufern, lebensfähigen abgerissenen Zweigen oder Früchten) durch Hochwasser des Rheines aus den Alpen herabgeschwemmt. Und es ist sehr wohl möglich, daß die jetzt hier lebenden Individuen gar nicht von dauernd hier ansässig gewesenen Vorfahren herstammen, sondern in der Tat Kolonisten aus den Alpen sind. Man kann sich aber anderseits doch vorstellen, daß Früchte der hier wachsenden Exemplare durch Vögel auf die neuen Dämme und Sandflächen geschleppt werden, und auf diese Weise unser Rheindorn von Platz zu Platz wandert, gerade so wie es bekanntermaßen die Sträucher und Stauden der Kahlschläge in den Forsten tun.

An den steinernen Ufermauern wachsen im Rheine mehrere Moosarten, die früher selten oder gar nicht hier vorkamen. Der unregulierte Rhein bot nur Schlammgrund und stets bewegte Kiesel, auf denen eine Moosflora sich nicht halten konnte. Erst die Steindämme ermöglichten es einer Anzahl von Arten, aus dem felsigen Bette des schweizer Oberrheins bis hierher vorzudringen (z. B. Fissidens grandifrons). In diesem Falle hat die Kultur neue Standortsverhältnisse geschaffen, deren Besiedelung aber — wie man zu sagen pflegt — der Natur überlassen.

Es liegt nahe, sich nach analogen Wanderpflanzen auf dem Lande, an den Straßen umzusehen. Verhältnismäßig ist auf solche wenig geachtet. Als man anfing zu botanisieren, gab es Kunststraßen hier schon seit mehr als tausend Jahren, und an den neuerbauten traten die Arten auf, welche als Straßenpflanzen bekannt waren. In Amerika ist die Straßenflora den Pflanzengeographen mehr aufgefallen. Auch die Pflanzenwanderung längs der Eisenbahnen hat die Aufmerksamkeit mitteleuropäischer Beobachter wenig angezogen. Als die ersten Eisenbahnen angelegt wurden, herrschte in der Wissenschaft eine Richtung, welche von verwilderten und verschleppten Arten als fremden Eindringlingen in die natürliche Flora nichts wissen wollte. Erst in Rußland, wo die Schienenwege auf weiten Strecken durch menschenleere Wälder geführt wurden, ist die durch sie eingeleitete Wanderung von Pflanzen stärker aufgefallen und mehr gewürdigt, z. B. in Ed. Lehmanns Flora von Polnisch-Livland. Daß auch hier im Lande noch solche „Eisenbahnpflanzen“ auftreten, sehen wir an Eragrostis minor, einem Grase, welches etwas Ähnlichkeit mit Zittergras hat. Unsre alten Sammler kannten es nicht. Um die Mitte des 18. Jahrhunderts wurde es von Schreber in Erlangen und um Wien, von Albr. v. Haller in der Schweiz bemerkt. Am Ende des 18. Jahrhunderts fand es Werner de Lachenal um Basel an Zäunen, Wegböschungen und auf sandigem Ödland. Wir haben eine Flora von Basel vom Jahre 1622 aus der Feder Kaspar Bauhins, darin steht nichts von dieser Art. Da Bauhin gerade Gräser mit besonderem Eifer gesammelt, beschrieben und abgebildet hat, wäre eine Eragrostis ihm gewiß nicht entgangen. Die Einbürgerung besagter Art in Basel fällt also in die Zeit von der Mitte des 17. bis zur Mitte des 18. Jahrhunderts. Ins Elsaß ist sie, wie aus Kirschlegers Werken zu sehen, vor 1870 nicht weiter eingedrungen. Erst 1880 fand sie Waldner am Bahnhof Wasselnheim. Bald wurde dann ihre allgemeine Verbreitung auf den elsässischen Eisenbahndämmen und Bahnhöfen festgestellt, und 1897 entdeckte sie Himpel in Metz und am Bahnhof Peltre. Jetzt ist sie so ziemlich auf jedem reichsländischen (übrigens auch badischen) Bahnhofe zu finden und in den meisten Landesteilen auf die Eisenbahn beschränkt. In Straßburg ist sie Straßengras geworden, hält sich sogar auf dem Polygon. Die Bahnverbindung zwischen Basel und Straßburg besteht seit 1847. Warum hat Eragrostis diese jahrzehntelang gar nicht und dann plötzlich so ausgiebig benutzt? Wir wissen es nicht. Wir stehen vor einer analogen Frage wie bei den Flügen der Steppenhühner, den Völkerwanderungen und den Epidemien. Weshalb Cholera- und Pestbazillen zeitweise sich in ihren Standorten bescheiden und dann plötzlich wandern, das erfahren wir wohl allmählich, aber die Erfahrung kostet viel mehr Geld und Arbeit als für die Lösung pflanzengeographischer rein wissenschaftlicher Fragen je verfügbar sein wird.

Bericht über die Fortschritte der Landeskunde von Elsaß-Lothringen 1900—1910,

redigiert von Prof. Dr. R. Langenbeck.

I. Teil.

Die Gesellschaft für Erdkunde und Kolonialwesen beabsichtigt, in Zukunft regelmäßig über die Fortschritte der Landeskunde von Elsaß-Lothringen zu berichten. Zunächst soll der Zeitabschnitt von 1900—1910 bearbeitet werden und zwar in 2 Teilen, von denen der erste hier vorliegende, das Allgemeine, die Kartographie und physische Geographie behandelt, während der zweite im nächsten Jahr erscheinende sich mit der Bio- und Anthropogeographie befassen wird.

1. Allgemeine Landesbeschreibung, Orographie und Topographie von R. Langenbeck.

Eine vorzügliche Grundlage für die wissenschaftliche Landeskunde von Elsaß-Lothringen ist durch das große vom Ministerium herausgegebene Sammelwerk geschaffen worden.[1]) Der erste Band desselben behandelt in zahlreichen von speziellen Fachgelehrten bearbeiteten Abhandlungen die allgemeine Landesbeschreibung. Er umfaßt folgende Abschnitte: 1. Geographische Schilderung des Reichslandes (von Prof. Dr. G. Gerland), 2. die meteorologischen und klimatischen Verhältnisse (von Geheimrat Dr. H. Hergesell), 3. die Geologie (von Prof. Dr. Bücking), 4. die Flora (von Prof. Dr. Graf zu Solms-Laubach), 5. die Tierwelt (von Prof. Dr. Döderlein), 6. die Bevölkerungsverhältnisse (von Prof. Dr. Schwalbe), 7. die Sprachverhältnisse und zwar a) im deutschen Sprachgebiet (von Prof. Dr. Martin), b) im französischen Sprachgebiet (von Ober-

[1]) Das Reichsland Elsaß-Lothringen. Landes- und Ortsbeschreibung. Herausgegeben vom statistischen Bureau des Ministeriums von Elsaß-Lothringen. 3 Bde. 1898—1905.

lehrer, jetzt Direktor Dr. This), 8. Gewerbe und Handel, a) im Bezirk Unter-Elsaß (von Handelskammersekretär Dr. Haug), b) im Bezirk Ober-Elsaß (von Dr. Hertzog), c) im Bezirk Lothringen (von Gewerberat Rick). 9. Verkehrswege: a) Entwickelung des Post- und Telegraphenwesens 1872—1896 (von Postinspektor May), b) die Eisenbahnen (von Eisenbahnbetriebssekretär Fihlinger), c) die Landstraßen, Wege und die Schiffahrt (von Reg.-Rat Geigel), 10. die landwirtschaftlichen Verhältnisse (von Rentmeister Dr. Hagmaier) mit vier Anhängen: Hopfenbau (von Beckenhaupt), Weinbau im Elsaß (von Ökonomierat Oberlin), Weinbau in Lothringen (von Oberförster Gerdolle), Obstbau (von Schüle). 11. Forstwirtschaftliche Verhältnisse (von Oberforstmeister Ney) mit Anhang: Merkwürdige Bäume (von Prof. Dr. Bechstein), 12. Verfassung und Verwaltung des Landes (vom Ministerialrat, jetzt Unterstaatssekretär Mandel), 13. Statistisches über kirchliche, Bildungs- und Wohltätigkeits-Anstalten (von Reg.-Rat Geigel), 14. Beiträge zur Landesgeschichte (von Ministerialrat Freiherr Du Prel).

Der zweite Band enthält die Statistik und zwar: 1. die Bevölkerung nach der Volkszählung von 1895 nebst den vorläufigen Ergebnissen der Volkszählung von 1900; 2. die wirtschaftlichen Verhältnisse. Dazu kommen dann eine Reihe von Anhängen: A. Nivellements-Ergebnisse, B. Verzeichnis der Änderungen der Ortsnamen, C. Verzeichnis der vom Gebrauche der deutschen Sprache als Amtssprache dispensierten Gemeinden, D. Reichs- und Landesbehörden, E. Französischer Revolutionskalender, F. Verzeichnis der geschichtlichen Denkmäler in Elsaß-Lothringen, G. Statistische Tabellen über die Bewegung der Bevölkerung.

Der bei weitem umfangreichste dritte Band enthält die Ortsbeschreibungen in alphabetischer Anordnung. An ihrer Bearbeitung haben sich sehr zahlreiche Gelehrte, Historiker, Geographen, Statistiker und Nationalökonomen beteiligt. Für jede Örtlichkeit ist anzugeben ihre Lage, Meereshöhe, politische Zugehörigkeit (Bezirk, Kreis, Kanton), sowie die zu verschiedenen Zeiten für sie gebräuchlichen Namen, für die Ortschaften außerdem die Einwohnerzahl. Ferner sind die wirtschaftlichen Verhältnisse und die historische Entwicklung der Ortschaften behandelt, die wichtigsten Bauten und Kunstdenkmäler aufgeführt. Von Bergen und Tälern ist eine kurze orographische Beschreibung gegeben, von den Flüssen ist der Verlauf genau geschildert und sind sämtliche Nebenflüsse aufgeführt.

Der Ortsbeschreibung dient auch ein allerdings noch nicht abgeschlossenes Werk von Claus,[2]) bei dem allerdings das historische Element mehr in den Vordergrund, das geographische mehr zurücktritt. Sehr reich ist das Werk an Quellenangaben und dadurch besonders wertvoll.

Von offiziellen Veröffentlichungen möchten wir hier noch das vom Ministerium von Elsaß-Lothringen herausgegebene Verzeichnis der Ortsentfernungen in Elsaß-Lothringen[3]) anführen.

Eine kurzgefaßte, jedoch streng wissenschaftliche Landeskunde von Elsaß-Lothringen verfaßte R. Langenbeck.[4]) Der Verfasser war darin bemüht, die gegenseitige Abhängigkeit der landeskundlichen Elemente klar zum Ausdruck zu bringen und einheitliche Bilder der einzelnen Landschaften zu entwerfen. Die Arbeit zerfällt in zwei Teile, einen allgemeinen und einen besonderen. Der erstere gliedert sich wieder in folgende Abschnitte: 1. die geographische Lage und die Grenzen von Elsaß-Lothringen, 2. der geologische Aufbau und die Entwickelungsgeschichte des Landes, 3. Orographische Gliederung und Bewässerung, 4. das Klima, 5. die Pflanzen- und Tierwelt, 6. die Bevölkerung, 7. die wirtschaftlichen Verhältnisse. Im zweiten Teil werden in ebenfalls 7 Abschnitten die einzelnen Teile des Landes beschrieben: 1. der Elsässer Jura und der Sundgau, 2. die Süd-Vogesen, 3. die Mittel- und Nord-Vogesen, 4. die Hart, 5. die Vorhügel von Vogesen und Hart, 6. die Rheinebene, 7. die Lothringische Hochebene. Mehrere geologische Profile und typische Landschaftsbilder, sowie eine Übersichtskarte sind dem Buche beigegeben.

Eine ganz kurze Beschreibung von Elsaß-Lothringen (mit zahlreichen Bildern) lieferte L. Wörl.[5]) Die Landeskunde von E. Rudolph[6]) bildet einen Teil der als Ergänzung zu den Seydlitzschen Schulgeographien erschienenen Landeskunden, ist

[2]) Historisch-topographisches Wörterbuch von Elsaß-Lothringen. Seit 1898.

[3]) Straßburg 1909.

[4]) Landeskunde des Reichslandes Elsaß-Lothringen. Sammlung Göschen. Leipzig 1904.

[5]) Illustr. Fremdenblatt Union. 54. Jahrg. 1909. Nr. 5.

[6]) Landeskunde des Reichslandes Elsaß-Lothringen. 3. Auflage. Breslau 1907.

also in erster Linie für den Gebrauch an höheren Unterrichtsanstalten bestimmt. Die Behandlungsweise ist trotzdem durchaus wissenschaftlich, wenn sie auch der Verfasser naturgemäß den Anforderungen der Schule und dem Wissensstande der Schüler anpassen mußte. Daher werden z. B. die geologischen Verhältnisse nur kurz gestreift, während die politische und Wirtschaftsgeographie eine verhältnismäßig eingehende Behandlung erfahren haben. Der ziemlich reiche Bilderanhang enthält neben einer Anzahl typischer Landschafts- und Trachtenbilder auch manches nicht Geographische. Die Heimatkunden von Slawyk[7]) und G. Weick[8]) sind für den Gebrauch von Mittel- und Volksschulen bestimmt und für diese Zwecke recht brauchbar.

Ardouin-Dumazet[9]) hat die letzten Bände seiner umfangreichen Beschreibung der einzelnen französischen Landschaften dem Reichslande Elsaß-Lothringen gewidmet, wobei er auch den bis 1815 französischen Teil der Pfalz und das Gebiet von Saarlouis mit in den Kreis seiner Betrachtungen zieht. Band 48 behandelt das Ober-Elsaß, Band 49 das Unter-Elsaß, Band 50 Lothringen. Das Werk ist kein streng wissenschaftlich-geographisches, enthält aber doch recht viel Lesenswertes. Die landschaftlichen Schilderungen und Städtebeschreibungen sind größtenteils recht gut. Auch behandelt der Verfasser ziemlich eingehend die wirtschaftlichen und sozialen Verhältnisse, sowie die geschichtliche Entwickelung der größeren Ortschaften. Er läßt dabei den großen Fortschritten, die das Land seit 1871 gemacht hat, durchaus Gerechtigkeit zuteil werden. Die Sprachverhältnisse und Sprachgrenzen werden ebenfalls an mehreren Stellen des Buches behandelt. Eine große Zahl von Karten und Plänen sind dem Werk beigegeben. Einen kurzen Auszug aus dem Werke Ardouin Dumazets gab Em. Chantriot.[10]) Ein in vieler Beziehung vortreffliches Werk von Gillot[11]) kommt für uns kaum in Betracht, da es nur die Grenzen von Elsaß-Lothringen streift. O. Flake[12]) gab Schilderungen von Straßburg,

---

[7]) Heimatkunde von Elsaß-Lothringen. 8. Aufl. Straßburg 1910.

[8]) Heimatkunde von Elsaß-Lothringen. 3. Aufl. Zabern 1905.

[9]) Voyage en France. Sér. 48—50. Les provinces perdues. Paris 1907.

[10]) Les provinces perdues d'après Ardouin Dumazet. Paris 1908.

[11]) Géographie pittoresque et monumentale de la France. Vol. X. Lorraine—Belfort. Paris 1901.

[12]) Straßburg und das Elsaß. Stuttgart 1908.

Colmar und verschiedenen Gegenden der Vogesen mit zahlreichen eingestreuten geschichtlichen und wirtschaftsgeographischen Betrachtungen. Erwähnt seien an dieser Stelle ferner noch einige französische Werke, die allerdings mehr ihrem Titel als ihrem Inhalt nach hierher gehören, da sie wenig oder garnichts Geographisches enthalten. Em. Hinzelin[13]) bietet zwar in seinem Buche einzelne landschaftliche Schilderungen und Städtebilder, vorzugsweise enthält es aber historische Erinnerungen, natürlich nur solche aus der französischen Zeit. In einem Schlußkapitel sucht der Verfasser den Nachweis zu führen, daß die Germanisation in Elsaß-Lothringen nur ganz oberflächlich sei, und daß dort seit 1871 alle Verhältnisse sich verschlechtert hätten, die Industrie sowohl, wie die landwirtschaftlichen Verhältnisse, der öffentliche Unterricht usw., von einzelnen Ausnahmen abgesehen, nur Rückschritte zeigten. Ähnlichen Charakter hat ein Buch von Florent Matter,[14]) das außer Beschreibungen der Schlachtfelder von 1870, sowie der Städte Metz und Straßburg nur historisch-politische Betrachtungen mit starker Betonung des Revanche-Gedankens enthält. Ganz ungeographisch sind zwei Arbeiten von Ph. Deschamps.[15]) Sie können mit ihren groben Entstellungen aller Tatsachen und ihren gehässigen Ausfällen gegen alles Deutsche nur als chauvinistisch-französiche Pamphlete bezeichnet werden. Sehr angenehm sticht dagegen ein Werk von Edm. Lepelletier[16]) ab. Außer einigen wirtschaftsgeographischen Betrachtungen enthält es zwar auch nichts Geographisches, ist vielmehr ein fast ausschließlich politisches Buch, das sich mit der elsaß-lothringischen Frage beschäftigt. Trotz seines französischen Standpunktes ist der Verfasser aber ehrlich genug, unumwunden anzuerkennen, daß Deutschland sehr viel für Elsaß-Lothringen getan habe, daß sich dort seit 1871 auf fast allen Gebieten große Fortschritte vollzogen hätten, und daß die Elsaß-Lothringer sich über die deutsche Herrschaft nicht zu beklagen hätten und sich im allgemeinen wohl unter ihr fühlten.

Von den Werken, die sich speziell mit den Vogesen beschäftigen, kommt für uns eigentlich nur eins ernstlich in Be-

---

[13]) En Alsace-Lorraine. Paris 1904.

[14]) L'Alsace-Lorraine de nos jours. Paris 1908.

[15]) L'Alsace-Lorraine française quand même! Paris 1902, und A travers les pays encore annexés. Paris 1902.

[16]) Aux pays conquis. Paris 1904.

tracht, das von Ed. Grucker.[17]) Es bildet einen Band der im Verlag von Velhagen & Klasing erscheinenden „Geographischen Monographien". Der Verf. ist nicht eigentlich Fachmann, er hat es aber in vorzüglicher Weise verstanden, ein anschauliches und lebensvolles Bild von den Vogesen zu entwerfen. Auch geht er an wissenschaftlichen Fragen keineswegs vorbei und zeigt, daß er sich eingehend mit ihnen beschäftigt hat. Er gibt zunächst eine geographische Übersicht über das Gebiet, die allerdings etwas kurz geraten und auch nicht ganz ohne Fehler in Bezug auf geologische Angaben ist, dann behandelt er das Klima, die Pflanzen- und Tierwelt, die Bevölkerung, die wirtschaftlichen Verhältnisse. Eine kurze Übersicht über die Geschichte des Elsaß schließt diesen allgemeinen Teil. Ich möchte aus diesem noch besonders den Abschnitt über die Bevölkerung hervorheben. Was der Verfasser hier über die elsässischen Dialekte, über Volkscharakter, Volkssitten und Gebräuche sagt, ist ganz ausgezeichnet. Auch die Pflanzen- und Tierwelt ist sehr anschaulich geschildert. Der besondere Abschnitt beginnt mit einer Beschreibung der Stadt Straßburg, dann folgen in 12 Kapiteln Schilderungen der einzelnen Abschnitte der Vogesen, der Vogesentäler und ihrer Vorberge. Das letzte Kapitel behandelt kurz die französischen Vogesen. Die 130 Abbildungen nach Originalaufnahmen von Th. Berst sind im allgemeinen recht gut ausgewählt. Einen besonderen Schmuck des Buches bilden acht farbige Kunstbeilagen nach Gemälden von P. P. Müller. Die beigegebene Karte, ein Ausschnitt aus Andräs Handatlas, dagegen zeichnet sich nicht durch besondere Klarheit aus.

Von K. E. Franzos[18]) sind nach seinem Tode anmutig geschriebene Plaudereien über Straßburg und die Vogesen veröffentlicht, kultur- und kunsthistorische Skizzen, sowie Betrachtungen über die Beziehungen der alteingesessenen Elsässer zu den eingewanderten Altdeutschen, die die scharfe Beobachtungsgabe des Verfassers zeigen. Geographisch bieten sie ebensowenig wie die sonst vortrefflichen Bücher von Fr. Lienhard,[19]) Aug. Becker[20]) und C. Gruber,[21]) die fast ausschließlich Kultur-

[17]) Die Vogesen. Bielefeld und Leipzig 1908.

[18]) Aus den Vogesen. Reise- und Kulturbilder. Stuttgart und Berlin 1905.

[19]) Wasgaufahrten. 3. Aufl. Berlin 1902.

[20]) Wasgaubilder. Kaiserslautern 1903.

[21]) Ein Wasgauherbst. Straßburg 1909.

und literarhistorische Studien enthalten. Im Anschluß an sie wäre auch noch ein Werk von Masson-Forestier[22]) zu nennen, das sich allerdings an innerem Wert mit ihnen nicht vergleichen läßt. Es ist rein feuilletonistisch, nebenbei gespickt mit Ausfällen gegen deutsche Art und deutsches Wesen.

Mehr geographisch ist ein Aufsatz von O. Regelmann,[23]) der die nördlichen Vogesen zwischen Weilertal und dem Paß von Zabern schildert, dabei auch auf die geologischen Verhältnisse und die wichtigeren Mineralvorkommnisse eingeht, auch manche historische und wirtschaftliche Notizen gibt. Bilder aus der Umgebung von Zabern bietet M. Ebell.[24]) Den Hauptreiz des gut geschriebenen Buches machen die zahlreichen eingestreuten historischen und kulturhistorischen Skizzen aus. Den Schluß bildet eine geologische Plauderei über Entstehung der Vogesen, die Gletscherspuren und den Diluvialmenschen im Elsaß.

L. van Werveke[25]) schlug folgende Einteilung der Vogesen vor: 1. Südvogesen vom südlichen Steilabfall nördlich von Belfort bis zum Münstertal, 2. Mittelvogesen von hier bis zum Weilertal, 3. Nordvogesen von hier bis zum Paß von Zabern. Maßgebend für diese Einteilung sind ihm die geologischen Verhältnisse. Bei dieser Gliederung enthalten nämlich die Mittelvogesen die ältesten Teile des alten Gebirgskerns; nur hier treten Gneise auf, die wahrscheinlich zur Deronzeit, sicher aber zur Kulmzeit über das umspülende Meer hervorragten. Außerdem sind für die so begrenzten Mittelvogesen die ringsum freigelegten, dem alten Gebirge aufgesetzten Buntsandsteinkuppen charakteristisch. Vom Standpunkt des Geographen, der bei der Gliederung eines Gebirges nicht nur die geologischen, sondern auch die orographischen Verhältnisse zu berücksichtigen hat, wird man sich mit dieser Einteilung nicht ohne weiteres einverstanden erklären können. Sehr eingehend befaßte sich ferner J. E. Gerock[26])

---

[22]) Forêt-Noire et Alsace. Paris 1903.

[23]) Wanderungen im Herzen des Wasgenwaldes. Blätter des Württemberg. Schwarzwald-Vereins. XVII. 1909.

[24]) Perlen der Sandstein-Vogesen. Straßburg 1908.

[25]) Zur Geologie der mittleren Vogesen. Mitteil. der Philomath. Gesellschaft. 1905. S. 209 ff.

[26]) Die Benennung und Gliederung des rechtsrheinischen Gebirges. Mitteil. der Philomath. Gesellsch. 1910. S. 251—274.

mit der Frage nach der Benennung und Einteilung des linksrheinischen Gebirges. Er gelangt durch eine Betrachtung des Gebirgsbaues und der Verbreitung der geologischen Formationen zu dem Ergebnis, daß als Grenze zwischen den Vogesen und der Faucille das Moseltal bis Epinal, zwischen Vogesen und dem nördlichsten Gebirgsgliede der Paß von Zabern zu betrachten sei. Für letzteres, für welches der bisher meist übliche Name Hardt von Pfälzer Seite abgelehnt wird, schlägt er den Namen Wasgenwald vor. Ich würde vorziehen, den in der geographischen Literatur doch schon eingebürgerten Namen Hardt beizubehalten, den Namen Wasgenwald auf den Teil des Gebirges, der in das Elsaß fällt (also vom Paß von Zabern bis zur Lauter) zu beschränken, den Pfälzer Anteil als Pfälzer Wald zu bezeichnen. Die Grenze zwischen Gebirge und Lothringischer Hochebene läßt G., einem früheren Vorschlage van Wervekes folgend, mit den geologischen Grenzlinien zwischen Buntsandstein und Muschelkalk zusammenfallen. Sehr interessant sind in der Gerockschen Arbeit auch die Untersuchungen über die Etymologie der Namen Vogesen, Wasgenwald, La Faucille und Hardt, sowie über die Ausdehnung welche diesen Bezeichnungen zu verschiedenen Zeiten und bei verschiedenen Autoren gegeben sind.

Ein Sammelwerk über das Moselland[27]) enthielt im 1. Teil Aufsätze über das alte und neue Metz (von Keune u. Böhmer) und über die landwirtschaftlichen Verhältnisse im Bezirk Lothringen (von Gerdolle). Der zweite Teil (von Schumacher) ist der westdeutschen Eisenindustrie und der Mosel-Kanalisation gewidmet. Beide Teile würden im nächstjährigen Bericht bei der Wirtschaftsgeographie und Siedelungskunde genauer zu besprechen sein. Städtebilder aus dem Elsaß bieten A. Girodie[28]) und Robida.[29]) Beide behandeln in erster Linie die Architekturdenkmäler. Schließlich sei hier auf die Zeitschrift „Die Vogesen"[30]) hingewiesen, welche zahlreiche Aufsätze über die verschiedenen Teile der Vogesen, sowie über andere Teile des Reichslandes mit meist sehr guten Abbildungen enthält.

[27]) Das Moselland; Vorträge, herausgegeben von M. Sering. 2 Bde. Leipzig 1910.

[28]) L'Alsace. Le Monde illustré, 46e année 1902. Nr. 2384—2386.

[29]) Les vieilles villes du Rhin. Paris 1910.

[30]) Die Vogesen, Zeitschr. für Touristik und Landeskunde, herausgegeben von A. Mayer. Seit 1907.

2. Reisehandbücher, Touristik.

von R. Langenbeck.

Schon von den im ersten Abschnitt aufgeführten Arbeiten sind einzelne in erster Linie für den Touristen bestimmt. In diesem zweiten sollten die eigentlichen Reisehandbücher und die rein touristischen Arbeiten kurz besprochen werden.

Unter den für das Reichsland bestimmten Reisehandbüchern und Führern nimmt ohne Zweifel den ersten Rang das von Mündel-Bechstein[31]) ein. Es ist nicht nur das ausführlichste, das außer den von den Touristen hauptsächlich begangenen Hauptrouten auch alle irgend in Betracht kommenden Nebenrouten erschöpfend behandelt, es ist vor allem auch absolut zuverlässig in Bezug auf Wegebeschreibung und Entfernungsangaben und bietet durch seine zahlreichen geschichtlichen und kunstgeschichtlichen Angaben dem Touristen auch mancherlei Belehrung und Anregung. Die allgemeinen Vorbemerkungen geben in gedrängter Kürze das wichtigste über Geologie, Klima, Vegetation, Geschichte, Kunstgeschichte, Statistik, Verwaltung, Mundarten und die Hauptwirtschaftsfaktoren des Reichslandes, stellen eine Reihe von Wanderplänen zusammen und führen alles für den Touristen Notwendige über Reiseerleichterungen, Wegemarkierungen u. dgl. auf. Der eigentliche Führer zerfällt in 5 Hanptabschnitte. Der erste behandelt Metz und Straßburg und ihre Umgebungen und die elsässischen und lothringischen Eisenbahnlinien, der 2.—4. die Nord-, Mittel- und Südvogesen. der 5. den Elsässer Jura. Bemerkt sei noch, daß auch die französischen Vogesen und das Pfälzer Bergland bis zur Queich mit behandelt sind. Beigegeben sind 22 gut ausgeführte Karten und Pläne, 2 Panoramen (vom Straßburger Münster und Großen Belchen) und ein idealer Längsdurchschnitt der Vogesen von Süd nach Nord. Zur Bequemlichkeit für solche Touristen, die nicht lange Zeit zur Verfügung haben, ist von dem Führer auch eine kleinere Ausgabe[32]) erschienen, welche nur die Hauptrouten behandelt.

---

[31]) C. Mündel, Die Vogesen, Reisehandbuch für Elsaß-Lothringen und angrenzende Gebiete. 12. Aufl., neu bearbeitet von O. Bechstein, Straßburg 1911.

[32]) C. Mündel und O. Bechstein, Die Vogesen, Kl. Ausg. 5. Aufl. 1907.

Ein recht guter und zuverlässiger Führer ist auch der von W. Schmidt[33]), der sich allerdings auf Straßburg und die deutschen Vogesen beschränkt, hier aber auch zahlreiche Nebentouren beschreibt. Kürzer behandeln das Gebiet die Führer von K. Baedeker[34]) Grieben[35]) und L. Wörl.[36]) Sie berücksichtigen im allgemeinen nur die Hauptrouten. Das Reisehandbuch von Baedeker zeichnet sich durch gute Karten aus, während die bei Grieben und Wörl z. T. ganz unbrauchbar sind. In dem Deutschen Wanderbuch[37]) bearbeiteten die Vogesen R. Langenbeck (Geognostisches und Landschaft) und O. Bechstein (die Vogesen als Wandergebiet). Von französischen Führern ist der bedeutendste und umfassendste der von P. Joanne.[38]) Am ausführlichsten behandelt er naturgemäß die französischen Vogesen, in den deutschen sind im allgemeinen nur die Hauptrouten beschrieben, außerdem die bedeutenderen Städte des Elsaß, von Deutsch- und Französisch-Lothringen, sowie die Schlachtfelder von 1870. Die Einleitung enthält außer allgemeinen Reisevorschriften u. dgl. auch einen kurzen Abriß der Orographie, Geologie und Geschichte des behandelten Gebiets, kunst- und kulturgeschichtliche Notizen. Beigegeben sind mehrere Übersichtskarten, zahlreiche Routenkärtchen und Stadtpläne. Für Wanderungen auf der Lothringischen Hochebene und in den zunächst umgrenzenden Teilen der Vogesen und Hardt ist ein sehr brauchbarer Führer von W. Kothe[39]) erschienen. Von der Sammlung „Rechts und links der Eisenbahn“, die den Zweck verfolgt, alles das, was sich den Blicken des Reisenden bei einer Eisenbahnfahrt darbietet, zu beschreiben und zu erläutern, kommen für unser Gebiet in Betracht die Hefte 21 und 22 von W. Halbfass,[40]) 25 und 26 von W. Sievers[41]) und 49 und 50 von

---

[33]) Vogesenführer. 3. Aufl. Straßburg 1908.

[34]) Die Rheinlande, Schwarzwald und Vogesen. 31. Aufl. Leipzig 1909.

[35]) Griebens Reiseführer. Bd. 77. Die Vogesen, Straßburg, Metz und die Schlachtfelder, bearbeitet von H. Schiebel. 6. Aufl. Berlin 1907—1908.

[36]) Führer durch die Vogesen. 4. Aufl. Leipzig 1909.

[37]) Deutsches Wanderbuch, herausgegeben vom Verbande deutscher Touristen-Vereine. 1. Teil: Süddeutschland. Stuttgart 1903.

[38]) Vosges et Alsace. Paris 1910.

[39]) Wanderbuch für Lothringen und die angrenzenden Gebiete. Metz 1908.

[40]) Straßburg—Stuttgart—München und umgekehrt. Gotha 1904.

[41]) Gießen—Metz—Nancy und umgekehrt. Gotha 1904.

R. Langenbeck.[42]) Der Verkehrsverein für Straßburg und die Vogesen hat ein Eisenbahnalbum des Reichslandes herausgegeben,[43]) das zum größten Teil recht gute Schilderungen der an den Eisenbahnen des Reichslandes gelegenen Städte, sowie der interessantesten Punkte aus ihrer Umgebung enthält und mit zahlreichen vortrefflichen Abbildungen geziert ist.

Sehr zahlreich sind die Führer für einzelne Gebiete der Vogesen oder die Umgebung einzelner Ortschaften. Wir führen hier an die Arbeiten von Bertelsmann,[44]) E. Klein,[45]) W. Pflieger, A. Lorentz und H. Beck,[46]) Abel,[47]) E. Schröder,[48]) sowie eine Veröffentlichung des Verkehrsvereins für das Münstertal.[49])

Unter den touristischen Schilderungen aus den Vogesen möchten wir ein Buch von Schmidt Brädikow[50]) hervorheben, das sehr gut geschrieben ist und außer dem touristischen auch geschichtliche und kulturgeschichtliche Betrachtungen bietet. Ferner nennen wir F. C. Meyer,[51]) O. Ammon,[52]) E. Schröder,[53]) Ch. Pierre,[54]) Em. Badel,[55]) Thevenin.[56]) H. Luthmer und C. Mündel[57]) veröffentlichten kulturhistorisch und z. T. auch naturhistorisch interessante Reiseberichte früherer Reisender in den Vogesen, vor allem Silbermanns und Kirschlegers.

[42]) Frankfurt a. M.—Basel linksrheinisch und umgekehrt. Gotha 1905.

[43]) Illustriertes Eisenbahn-Album des Reichslandes, herausgeg. vom Verkehrs-Verein für Straßburg und die Vogesen (Eug. König). 2. Aufl. Straßburg 1903.

[44]) Verzeichnis lohnender Touren im Gebiet der Vogesenklub-Sektion Molsheim-Mutzig-Grendelbruch. 1905.

[45]) Sainte-Marie-aux-Mines et ses environs. 1904.

[46]) Spaziergänge und Ausflüge im Münstertal. 1904.

[47]) I. Tännchel, II. Reichenweier, III. Im Reiche der Spitzköpfe. 1906.

[48]) Die schönsten Ausflüge in die Vogesen, welche von der Bahnstrecke Straßburg—Basel leicht zu erreichen sind. 1900. — Colmar und die Hochvogesen. 1905.

[49]) 100 Spaziergänge in die Umgebung von Münster. 1909.

[50]) Mit Rucksack und Stab durch die Vogesen. 1908.

[51]) Die Vogesen. Deutsche Badezeitung Union. 47. Jahrg. 1902. Heft 1.

[52]) Land und Leute in den Vogesen. Schwäb. Merkur. 1901. Nr. 261.

[53]) Eine Wanderung durch den Schwarzwald und die Vogesen. 1905.

[54]) Par les Vosges. Paris 1906.

[55]) Huit jours dans les Vosges. Lunéville 1901.

[56]) Souvenirs de la Haute-Alsace. 1902.

[57]) Vogesenreisen in alter Zeit. Mitteil. des Vogesenklubs. 1901, 1903, 1904, 1905.

3. Karten.

von J. E. Gerock.

Es hat mit einer Berichterstattung über die Kartographie nicht geringe Schwierigkeiten, schon aus dem Umstande daß man hinsichtlich des dabei in Betracht zu ziehenden Materials verschiedener Ansicht sein darf. Neben den dem Haupt- und Selbstzwecke eigentlicher topographischer Darstellung, welcher selbständigen Karten und Kartenwerken zukommt, dienenden, sind in diese Rubrik einschlagende Veröffentlichungen meist nur Hilfsmittel und Beiwerk für andere Literatur. Wollte man eine vollständige Kartographie aufstellen, so müßten alle diese Formen der kartographischen Darstellung, wie sie in Büchern jeder Art, Zeit- und Flugschriften zur Verwendung kommen, samt und sonders mitaufgeführt werden.

Dem Referenten erschien es aber für die Zwecke dieses Berichtes nicht als nötig, die Aufgabe von dieser absoluten Auffassung aus zu betrachten; das Ergebnis würde mit dem Aufwand an Raum und Kosten nicht im wünschenswerten Verhältnis stehen, und so ist vielmehr der Versuch gemacht, die Kartographie Elsaß-Lothringens in ihren Erzeugnissen während der zehn ersten Jahre des 20. Jahrh., unter Zurückgreifen auf die vorhergegangene Zeit, wo es für zweckmäßig erscheinen konnte, wesentlich als Übersicht und Auswahl ins Auge zu fassen. Auf inventarmäßige Vollständigkeit wird also grundsätzlich verzichtet, mit desto geringeren Bedenken als etwa hier nicht angeführte spezielle Erscheinungen anläßlich derjenigen Literaturnachweise, bei denen sie vorkommen, sowieso Erwähnung finden dürften; sowie mit dem Hinweise darauf, daß wohl mangels eines gefühlten Bedürfnisses bisher keine Kartographie unseres Landes, sowohl als Objektsammlung als auch in Form eines Verzeichnisses, besteht oder bekannt ist.

Nachdem Ende der 80iger Jahre des 19. Jahrh. die Topographische Abteilung des Großen Generalstabes die Neuaufnahme des Reichslandes beendet hatte und das Ergebnis dieser Arbeit in den 143 Meßtischblättern im Maßstab von 1:25000 erschienen war, lag für die fernere Ausbildung des Kartenwesens die nötige Grundlage vor, die an die Stelle der bisher gültig gewesenen französischen Generalstabskarte nebst ihrer geodätischen Elemente trat. Über die neue geodätische Grundlage der Topographie, wie sie bei den Meßtischblättern zur Anwendung kam (Basisvermessung bei Oberhergheim, Dreiecksnetz, absolute Höhenbestimmung oder Nivellement, auch im Anschlusse an das französische Netz westlich des Donon), hat die Direktion der K. Preußischen Landesaufnahme einen mit ausgedehntem Zahlenmaterial und mehreren graphischen Darstellungen versehenen amtlichen Bericht herausgegeben.[58])

Von dieser Karte sind seitdem die offiziellen Karten in kleinerem Maßstabe abgeleitet worden, die sich aus folgenden Arten zusammensetzen:

2. Topographische Übersichtskarte des Deutschen Reiches 1 : 100 000 (Gelände in Bergstrichen), von welcher es neben der Kupferdruckausgabe noch lithographische Überdrucke zu billigem Preise gibt.

3. Karte des Deutschen Reiches 1 : 200 000 in Buntdruck.

Ferner, von derselben Stelle ausgegeben, die neue Karte von Mitteleuropa 1 : 300 000 in Buntdruck, deren das Reichsland betreffende Blätter vor Kurzem erschienen sind; und die bereits ältere sogenannte Reymann'sche Spezialkarte.

Es sind außerdem eine unübersehbare Anzahl von sonstigen Karten angefertigt worden, die aber zu bestimmten dienstlichen und sonstigen Zwecken hergestellt, als solche nicht in den Handel, und hier nicht in Betracht kommen können.

Diesen Erscheinungen der amtlichen Kartographie reiht sich die schöne Karte der Vogesen, die vom Vogesen-Club unternommen, und mit ihren nördlichsten Blättern nunmehr seit 1909 fertiggestellt worden ist, an.[59]) Die in der ausgezeichneten Ausführung begründete Beliebtheit dieser Karten wird schon dadurch erwiesen, daß von den früher erschienenen Blättern meist zweite, für einige sogar bereits dritte Ausgaben vorhanden sind.

---

[58]) Die K. Preußische Landes-Triangulation; Hauptdreiecke XI. Berlin 1901.

B. Das Elsaß-Lothringische Dreiecksnetz bei Oberhergheim.

C. Der Französische Anschluß.

In diesem Berichte ist auch, vom historischen Standpunkte aus interessant, einiges über die ebenfalls bei Oberhergheim befindliche und noch durch Steinobelisken in ihren Endpunkten festgelegte Vermessungsbasis aus dem Jahre 1804 mitgeteilt. Näheres siehe Abschnitt 4.

[59]) Karte der Vogesen, herausgegeben vom Zentralausschuß des Vogesen-Clubs. 1 : 50000. 16 Blätter, wovon 3 Doppelblätter.

Diese Karte die vornehmlich für die Bedürfnisse der Touristik, wie dieselben durch den Vogesen-Club vertreten werden, bearbeitet worden ist, hat aber durch die Art ihrer Ausführung und besonders durch ihren glücklich gewählten Maßstab den eigentlichen Wert einer topographischen Karte. Sie ergänzt für das Bergland in sehr zweckdienlicher Weise die amtlichen Werke.

In dieselbe Rubrik gehören noch eine Reihe von Karten verschiedensten Wertes und verschiedenster Ausführung, von welchen einige angeführt sein mögen,[60]) da es kaum möglich wäre, alle ähnlichen Erzeugnisse, die auch für publizistische Absichten in den letzten Jahren von verschiedensten Stellen aus veranlaßt worden sind.[61])

Der allgemeinen Übersicht und den Gesichtspunkten der politischen Geographie dienen zahlreiche Karten, teils neu, teils Neuausgaben älterer Vorbilder, die durchweg in kleineren Maßstäben gehalten sind. Aufgeführt sind vornehmlich solche, bei welchen das Reichsland immerhin die Hauptrolle inne hat.[62])

---

[60]) Fuchs, Albert. Durch die Vogesen, Heft IV. Wegekarte Zabern-Süd – Wangenburg—Dagsburg—Alberschweiler. 1:100000. — Gümbel. Übersichtskarte über das Gebiet der Vogesenclubsektion Schlettstadt-Hohkönigsburg (1905). — Lorenz. Touristenkarte des Elsaß (Vogesen). 1:200000.

[61]) z. B. Elsaß-Lothringen und die Vogesen, herausg. vom Verbande der Els.-Lothr. Verkehrsvereine (1911), mit einer Verkleinerung der Plakatkarte, die von der Generaldirektion der Reichseisenbahnen in Els.-Lothr. hergestellt worden ist.

[62]) Reuter, C. Ortsentfernungskarte von Elsaß-Lothringen, Ausgabe 1902. — Karte von Elsaß-Lothringen, 1:400000, Straßburg, Schultz & Co. — Handkarte von Elsaß-Lothringen, gez. von Ed. Gaebler, Verlag von A. Fuchs in Zabern. — Elsaß-Lothringen in 21 Karten mit Ortsverzeichnis. Berlin. D. Reimer. (Diese Kreiskarten sind auch dem Werke: Das Reichsland Elsaß-Lothringen, herausg. vom Ministerium für Elsaß-Lothringen, Straßburg, Heitz & Mündel, 1901, beigegeben worden.) — Deutsch-Französische Grenzländer mit genauer Einzeichnung der französischen Befestigungsanlagen, 1:400000 (von Landau—Albbruck bis Beauvais—Versailles), 6. Auflage, 1907. — Verkehrs- und Wegekarte, im Maßstabe 1:200000, im Auftrage des Bezirkspräsidiums von Lothringen bearbeitet von H. Rothenberger. 11. Aufl. 1910. Verlag von W. Heinrich in Straßburg. — Müller, Gustav. Spezialkarte der Umgebung von Straßburg, das Gebiet von Hagenau bis Lahr und von Zabern bis Oberkirch umfassend, in 5fachem Farbendruck. 1:75000. 2. Aufl. (1904). Straßburg, Schlesier & Schweikhardt. — Karte der Schlachtfelder um Metz mit den deutschen und französischen Denkmälern und Kriegergräbern. 1:50000. 14. Aufl. (1907). Metz, Scriba. — Wandkarte des Unterelsaß, etc. 1:80000.

Die Ergebnisse der methodischen geologischen Erforschung des Landes durch die zuständige geologische Landesanstalt von Elsaß-Lothringen sind sodann auf den Meßtischblättern dargestellt worden. Von dieser Geologischen Spezialkarte von Elsaß-Lothringen sind bis jetzt 36 Blätter nebst den zugehörigen Erläuterungen erschienen, wovon allerdings in den letzten 10 Jahren nur 3. Bei der besonderen Wichtigkeit dieses Werkes wird es nicht unzweckmäßig sein, diese Liste im Ganzen zu verzeichnen.[63])

Mehrere Blätter sind in ihrer Bearbeitung soweit gediehen, daß demnächst weitere Veröffentlichungen (Zabern, Wasselnheim, Molsheim, Geispolsheim) zu erwarten sind.

Diesem Werke, welches für Detailforschung berechnet ist und für manche Zwecke die Nachteile des großen Maßstabes und seiner sehr eingehenden geologischen Gliederung hat, wird als Übersichtskarte, an Stelle einer seit längerer Zeit vergriffenen Darstellung, eine Veröffentlichung im Maßstabe 1 : 200 000 verbunden mit einer tektonischen Karte, beigegeben werden, von welcher bis jetzt nur ein Blatt erschienen ist.[64])

Eine sehr wesentliche Ergänzung, sowohl der topographischen als auch der geologischen Karten, ist durch eine von dem Landesgeologen Dr. L. van Werveke veranlaßte und mit einer grundlegenden Erklärung versehene Höhenschichten-

---

J. Boltzescher Verlag in Gebweiler. — Wandkarte von Elsaß-Lothringen und der bayerischen Pfalz, entworfen von Gustav Richter. 1 : 175 000. Verlag von G. D. Baedeker in Essen.

[63]) Geologische Spezialkarte von Elsaß-Lothringen, herausgegeben von der Direktion der Geologischen Landesanstalt. Blätter: 5 Sierck; 6 Merzig; 10 Monnern; 11 Groß-Reimersdorf; 15 Gelmingen; 16 Busendorf; 17 Ludweiler; 18 Saarbrücken; 22 Bolchen; 23 Lubeln; 24 St. Avold; 25 Forbach; 26 Saargemünd; 27 Bliesbrücken; 21 Wolmünster; 29 Roppweiler; 33 Remilly; 34 Falkenberg; 38 Rohrbach; 39 Bitsch; 40 Stürzelbronn; 41 Lembach; 42 Weissenburg; 43 Weißenburg-Ost; 52 Saareinsberg; 53 Niederbronn; 130—131 Mülhausen-West und -Ost; 132 Homburg; bis Ende 1899. Von da ab: 75 Pfalzburg mit Erläuterungen von Bergrat Dr. E. Schumacher, 1902; 134 Altkirch mit Erläuterungen von Prof. Dr. Foerster, 1903; 65 Buchsweiler mit Erläuterungen von Bergrat Dr. L. van Werveke, 1904.

[64]) Geologische Übersichtskarte von Elsaß-Lothringen und den angrenzenden Gebieten, im Maßstabe 1 : 200 000, nebst tektonischer Karte, herausg. von der Direktion der Geol. Landesanstalt von Elsaß-Lothringen. Blatt Saarbrücken mit Erläut. (284 S.) von Dr. L. van Werveke, 1906.

karte[65]) erreicht worden. Dieselbe ist jedenfalls das wichtigste, in die Berichtszeit fallende Ereignis in der Landeskartographie, welche mit derselben die spezielle hypsometrische Darstellung erhalten hat, die bisher vollständig fehlte, und zwar in einer technischen Ausführung von höchster Vollendung. Wenn erst einmal die tektonisch-geologische Karte vollständig sein, was allerdings, leider muß man hinzufügen, noch geraume Zeit erfordern wird, so möchte aus der Verbindung derselben mit der hypsometrisch-hydrographischen, die auf denselben Charakteristiken aufgestellt ist, eine graphische Darstellung der physikalischen Verhältnisse des Landes geboten werden, die wenig zu wünschen übrig lassen dürfte.

Vom Standpunkte der praktischen Geologie sind ganz besonders zwei Gebiete in unserem Lande wichtig: das westlothringische Juraplateau mit den Eisenerzvorkommen, auf welche sich Arbeiten von Weyhmann[66]) und van Werveke[67]) beziehen, und das im Oberelsaß gelegene, merkwürdige tertiäre Beckengebilde, in welchem vor etwas mehr als zwei Jahren die so sehr unerwartete Auffindung der Kalisalzlager stattfand.

Dieses Gebiet hatte schon vor langer Zeit die Aufmerksamkeit der Geologen auf sich gezogen, wegen der tektonischen Verhältnisse, denen van Werveke kurz vorher noch eine Erörterung gewidmet hatte.[68]) Die Resultate der ersten wissenschaftlichen Untersuchung von bei den Bohrungen, welche diese Entdeckung herbeigeführt haben und dann an zahlreichen Stellen gemacht worden sind, erzielten Belegstücken, sind soeben veröffentlicht worden.[69])

---

[65]) Höhenschichtenkarte von Elsaß-Lothringen, im Maßstabe 1:200000, mit Begleitworten (57 S.) von Bergrat Dr. L. van Werveke, Landesgeologe. Herausgegeben von der Direktion der geolog. Landes-Unters. von Elsaß-Lothringen. 1906.

[66]) Geschichte der älteren lothringischen Eisenindustrie, mit einer Übersichtskarte. Jahrb. f. Lothr. Gesch. u. Altertumskunde, XVI. (1905).

[67]) Gliederung d. reichsl. Lias und Doggers ... im lothr.-luxemb. Jura, mit einer Übersichtskarte, 1:200000. Mitteil. d. geolog. Landesanstalt v. Els.-Lothr. V. (1901), S. 238.

[68]) Die Tektonik des Sundgaues und ihre Beziehung zur Tektonik der angrenzenden Teile des Juragebirges, mit einer Übersichtskarte. Mitteil. d. geolog. Landesanstalt v. Els.-Lothr. VI. (1908), S. 325.

[69]) Förster, Prof. Dr. B., Ergebnisse der Unters. von Bohrproben aus den ..... Tiefbohrungen im Tertiär des Ober-Elsaß; mit einer

Andere Vorkommen von nutzbaren Mineralien, die zum Teil nur noch geschichtliches und wissenschaftliches Interesse, wirtschaftlich aber nur untergeordnete Bedeutung besitzen, haben in einer Reihe von Karten eine Darstellung erhalten.[70])

Für die Wasserversorgung der Industriestadt Saargemünd hat Bergrat Dr. E. Schumacher seinem Gutachten eine Karte desjenigen Quellengebietes, von welchem die Speisung dieser Wasserleitung zu entnehmen war, beigegeben.[71])

Der für die Entwickelungsgeschichte des Rheintalgrabens wichtige Horizont (oder Horizontenkomplex) der oligocänen Küstenkonglomerate, die sich am Fuß der Vogesen von Montbéliard bis Mainz hinziehen, ist von P. Keßler bearbeitet und für die Gegend von Winzenheim im Ober-Elsaß kartiert worden.[72])

Ein größerer Ausschnitt der oben bereits angeführten Höhenschichtenkarte ist von E. Schumacher verwendet worden, um die Spuren der Glacialzeiten in den Vogesen zu veranschaulichen. Leider steht aber der zugehörige Text immer noch aus.[73])

Den Zwecken der geologischen und tektonischen Übersicht dient für einen großen Teil unseres Landes die Regelmannsche Karte, die infolge ihrer rasch aufeinander folgenden

---

Karte 1 : 50 000 der Lage der Bohrpunkte und der Verbreitung der Salzlagerstätten. Mitteil. d. geolog. Landesanstalt von Els.-Lothr., VII (1911).

[70]) Hausser, Das Bergbaugebiet von Markirch, mit einer Karte 1 : 25 000. 2. Aufl., 1900. Beitr. z. Landes- u. Völkerkunde von Els.-Lothr., XXV. — Dürr, Lucien, Das Gneißgebiet von Markirch, mit Karte, 1 : 25 000, der erzführenden Gänge. Mitteil. der geolog. Landesanstalt v. Els.-Lothr., VI. — Müller, F. Th., Die Eisenerzlagerstätten von Rothau und Framont mit Karte, 1 : 25 000, der Erzgänge bei Rothau und Grandfontaine-les-Minières. Mitteil. der geolog. Landesanstalt v. Els.-Lothr., V. — Ungemach, H. L., Die Erzlagerstätten des Weilerthales, mit Übersichtskarte, 1 : 25 000, der Erzvorkommen im oberen Weilerthale. Mitteil. der geologischen Landesanstalt v. Els.-Lothr., VI.

[71]) Gutachten über eine Wasserversorgung der Stadt Saargemünd aus dem Sandsteingebiet zwischen Bitsch und Eichelthal, mit einer Quellenkarte, 1 : 50 000, des Gebietes zwischen Eichelthal und Morsbronn. Mitteil. d. geol. Landesanstalt von Els.-Lothr., VII.

[72]) Die tertiären Küstenconglomerate in der Mittelrheinischen Tiefebene mit Kartenskizze, 1 : 25 000, des Vorkommens südlich von Winzenheim. Mitteil. d. geol. Landesanstalt von Els.-Lothr., VII.

[73]) Übersichtskarte, 1 : 200 000, der wichtigeren Glacialbildungen der südlichen und mittleren Vogesen. Mitteil. der geol. Landesanstalt von Els.-Lothr., VI (1908).

Neuausgaben eine hohe Vollkommenheit erreicht hat und, trotz ihrer verhältnismäßig starken Verjüngung, schon recht weitgesteckten Ansprüchen genügt.[74])

Die rastlos fortschreitende Erforschung der Geschichte und der Prähistorik hat mehrere wichtige Arbeiten aufzuweisen, deren Darlegungen mittels Karten illustriert worden sind.[75])

Als eine sehr zweckmäßige Unterlage für solche Übertragungen historischer Forschungsergebnisse ins Graphische sind hervorzuheben die Blätter der Historisch-statistischen Grundkarte des Deutschen Reiches 1 : 100 000, die für das Elsaß mit Unterstützung der elsaß-lothringischen Regierung von der Gesellschaft für Erhaltung der geschichtlichen Denkmäler im Elsaß und für Lothringen ebenso von der Lothringischen Gesellschaft für Geschichte und Altertumskunde herausgegeben und in Verlag genommen worden sind.[76])

---

[74]) Geologische Übersichtskarte von Württemberg, Baden, Elsaß, Pfalz usw., 1 : 600 000. Herausg. vom Württemb. Statistischen Landesamt. 8. Ausg. (1911) mit Erläuterungen von C. Regelmann.

[75]) Naue, A. W., Die Denkmäler der vorrömischen Metallzeit im Elsaß. Gekrönte Preisschrift der Ges. f. Erh. d. gesch. Denkm. im Elsaß, 1905: a) Karte der Grabhügel und sonstigen Fundstellen im Hagenauer Wald, 1 : 100 000; b) Karte der Tumuli und sonstigen Fundstellen in und bei dem Hartwalde, 1 : 90 000. — Forrer, R., Die römischen Terra sigillata-Töpfereien von Heiligenberg-Dinsheim: Situationsplan des Fundgebietes von Heiligenberg-Dinsheim, gez. von Architekt E. Steiner. Mitteil. der Ges. f. Erh. d. gesch. Denkm. im Elsaß, 2. Folge, XXIII (1911). — Gutmann, Karl, Ergebnisse der neueren Untersuchungen über den im Ober-Elsaß gelegenen römischen Ort Larga; mit einer Karte, 1 : 12 500 (1905). — Thrämer, E., Skizze der näheren Umgebung von Straßburg (zur römischen Zeit), 1 : 25 000 (1900). — Du Prel, Maximilian, Die alten Territorien des Bezirks Lothringen nach dem Stande vom 1. Jan. 1648, mit je einer Karte des Bezirkes und des Burgundischen Kreises. — Gerdolle, Geschichte des herrschaftlichen Grundbesitzes im Metzer Land. Jahrb. der lothr. Ges. f. Geschichte u. Altertumskunde, XVIII (1907), mit vier Flurkarten. — Ebhardt, Bodo, Eine neue „alte Abbildung" der Hohkönigsburg. Der Burgwart, X. Jahrg. (1909), S. 56; mit einer Karte der Umgebung der Hohkönigsburg, nach einer Zeichnung aus dem k. k. Statthaltereiarchiv in Innsbruck, Anf. des XVI. Jahrh. — Knobloch, Das Territorium der Stadt Straßburg im Mittelalter (1908); mit einer Karte 1 : 200 000.

[76]) Für Elsaß: die Blätter 572—588, Landau—Rastatt (1900); 602—616, Straßburg—Schlettstadt (1899); 601—615, Saarburg—Schirmeck (1901); 629—642, Markirch—Gebweiler (1903); 571—587, Pirmasens—Hagenau (1901). Das südliche Endstück steht noch aus. — Für Lothringen: die Blätter 568—584, Metz—Solgne (1898); 554, Saarlouis (1891); 539—553,

Dieselben geben vornehmlich, aus Übertrag von der Karte des Deutschen Reiches 1 : 100 000, das Netz der Gemeindegrenzen, auf Schreibpapier gedruckt, an, und bilden ein wesentliches Hilfsmittel zu billigem Preise.

Dieser Grundkarte sind die mannigfaltigen Kartierungen, welche von der Katasterverwaltung hergestellt und dem Publikum zugänglich gemacht werden, anzureihen, deren Aufzählung aber hier zuweit führen würde.

Die verschiedensten Begebenheiten der politischen Tagesgeschichte, der wirtschaftlichen Bestrebungen, der Nationalökonomie, der Statistik endlich, sind die Ursache zum Aufstellen von Demonstrationsobjekten die in den Horizont der Kartographie gehören. Eine für die Kenntnis der wirtschaftlichen Verhältnisse sehr wichtige Karte veröffentlichte das Ministerium für Elsaß-Lothringen.[77])

Der Verkehr endlich, in dessen Zeitalter wir immer mehr hinein gelangen, der alle Menschen und jeden Punkt der Erdoberfläche, und wenn er noch so abgelegen wäre, beansprucht und ergreift, hat zu seiner Entfaltung und Betätigung auch graphische Hilfsmittel nötig. Was in früherer Zeit Postkurskarten, dann Eisenbahnkarten ausmachten, das hat sich jetzt auf moderne Verkehrsmittel übertragen: das Fahrrad und das allgewaltige Motorfahrzeug, das Automobil.[78])

Das nächste, ja eigentlich schon vorhandene Ereignis auf diesem Gebiete, die Spezialkarte für die Aviatik, ist allerdings

---

Ewringen—Diedenhofen (1894); o. Nr., Nancy (1901); 570—586, Saarbrücken—Pfalzburg (1901); 569—585—600, St. Avold—Saarbrücken—Bourdonnaye (1900).

[77]) Verteilung der landwirtschaftlichen und industriellen Bevölkerung von Elsaß-Lothringen. Karte in 1 : 320 000. Herausg. vom Statist. Bureau des Minist. f. Elsaß-Lothringen nach den Ergebnissen der Berufszählung vom 12. Juni 1907.

[78]) Amtliche Karte des Gau VII, Schwarzwald, Südbaden und Ober-Elsaß, des Deutschen Radfahrerbunds, 1 : 300 000, etc. — Mittelbachs Radfahrer-Spezialkarte für Elsaß-Lothringen, 1 : 300 000. — Mittelbachs Straßenprofilkarte von Elsaß-Lothringen (1901). — Ravenstein-Liebenow, Radfahr- und Automobilkarte (1903); Blatt 127, Straßburg—Karlsruhe; Blatt 129, Saarburg—Nancy, etc. — Ebbecks Verkehrskarte, Nr. 10, Elsaß-Lothringen und Pfalz, 1 : 600 000 (1904). Cartes Tarride, Nr. 28, Les bords du Rhin, Strasburg—Bâle—Constance; Munde's Verkehrskarte 1 : 600 000. Mayence—Strasbourg, etc.

für diesen Bericht noch nicht zu rubrizieren; es hat aber bereits einen Schatten vorausgeworfen, indem für die so tragisch verlaufene Straßburger Flugwoche im Mai 1911 eine Skizze 1 : 10000 des Flugplatzes auf dem Polygon als erste Nummer vorzumerken ist.[79])

4. Geodätische, astronomische und geophysische Arbeiten.

von R. Langenbeck.

In erster Linie sind hier die Arbeiten der trigonometrischen Abteilung der Königl. Preußischen Landesaufnahme zu besprechen, die zwar schon in den letzten Jahrzehnten des vorigen Jahrhunderts ausgeführt, aber erst nach 1900 veröffentlicht sind.

Es handelte sich zunächst um eine neue Aufnahme des Reichslandes, die durchaus notwendig war, da die französische Aufnahme aus dem ersten Jahrzehnt des 19. Jahrhunderts stammte und daher nicht mehr den modernen Anforderungen entsprach. Es wurde daher schon im Jahre 1876 begonnen, das Reichsland mit einem Dreiecksnetz zu überspannen, das aber zunächst ohne Zusammenhang mit der von Westen nach Osten fortschreitenden Haupttriangulation bleiben mußte und seinen endgültigen Platz erst nach Herstellung dieser Verbindung durch das 1898 vollendete Pfälzer Dreiecksnetz erhalten konnte. Dadurch wurde auch die Drucklegung der Elsaß-Lothringischen Kette verzögert.[80])

Die Grundlagen für die Berechnung bildete einerseits die Oberhergheimer Basis, welche das Absolute der Längen lieferte, anderseits eine Positions- und Azimutbestimmung in Straßburg (Münster). Die geographische Lage von Straßburg, Münster Nordwestpfeiler ist

Breite 48° 34′ 58″; 176
Länge 25° 25′ 3″, 982 (östl. Ferro)
Azimut Straßburg-Donon 260° 7′ 38″ 570.

Die Basis bei Oberhergheim wurde gemessen zu 6982,61298 m, nach Reduktion auf Normal Null = 6982,3853 m. Bei der

---

[79]) Straßburger Neue Zeitung, Nr. 141, 22. Mai 1911.

[80]) Königl. Preuß. Landes-Triangulation, Haupt-Dreiecke. XI. Teil. Gemessen und bearbeitet von der trigonometrischen Abteilung der Landesaufnahme. Berlin 1901.

Messung des Basisnetzes wurden im wesentlichen schon die neuen Schreiberschen Grundsätze befolgt, nach denen das Basisnetz lediglich den Zweck hat, aus der Basis durch Winkelmessung die Längen einer zum weiteren Fortschreiten mit großen Dreiecken geeigneten Seite abzuleiten. Das Elsaß-Lothringische Basisnetz bildet daher ein Netz für sich und steht mit der Hauptdreieckskette nur durch die aus ihm abgeleitete Seite: Sulzer Belchen—Badischer Belchen in Verbindung. Die übrigen Hauptdreieckspunkte sind: Glaserberg (im Jura), Kaiserstuhl, Bressoir, Donon, Straßburg, Wintersberg, Kelschberg, Kewelsberg, Delme, Bevingen; dazu kommen noch 10 Zwischenpunkte. Die Verbindung mit den französischen Dreiecksketten wurde 1899 durch eine gemeinsam mit der geodätischen Abteilung des französischen Generalstabes ausgeführte kleine Triangulation hergestellt. Als Hauptdreieckspunkte dienten dabei auf deutscher Seite die Punkte Bressoir, Donon, Maizières, auf französischer Essey und Amance.

Von der trigonometrischen Abteilung der Kgl. Preuß. Landesaufnahmen wurden ferner umfangreiche geometrische Nivellements in Elsaß-Lothringen ausgeführt.[81]) Die Nivellier-Arbeiten umfassen zwei hinsichtlich ihrer Genauigkeit streng getrennte Kategorien: das Hauptnivellement (Schleifen und Anschluß-Nivellement) und das Signalnivellement. Bei ersterem werden alle Strecken doppelt nivelliert; als mittlerer Fehler ergab sich aus den Schlußfehlern der Schleifen 2,04 mm für 1 km. Der Zweck des Signal-Nivellements ist die scharfe Höhenbestimmung einer Anzahl trigonometrischer Punkte, welche als Grundlage für spätere trigonometrische Höhenmessungen dienen sollen. Die in einem Abstand bis zu 2 km von den Hauptlinien gelegenen, zum Annivellieren geeigneten Punkte werden grundsätzlich durch Signal-Nivellement bestimmt. Dieses besteht aus einfach gemessenen Strecken, jedoch mit doppelten Anbindepunkten; auf 1 km beträgt der mittlere Fehler rund 4 mm.

Die bei dem Hauptnivellement angewendeten Festlegungsmittel sind folgende: 1. Die zumeist nahe bei den Chausseesteinen in regelmäßigen Abständen von 2 zu 2 km gesetzten

---

[81]) Die Nivellements-Ergebnisse der trigonometrischen Abteilung der Kgl. Preuß. Landes-Aufnahme. Heft XIII. Reichsland Elsaß-Lothringen u. Anschlußlinien im Großherzogtum Baden und in der bayrischen Pfalz. Berlin 1900.

Nivellementspfeiler mit eingegossenen Nivellements-Nummerbolzen N. B; 2. die an festen Gebäuden, namentlich Kirchen, etwa $^1/_2$ bis 1 m über dem Erdboden einzementierten oder eingemauerten Höhenmarken H. M; 3. die im Verein mit den Höhenmarken zur Verfestigung dienenden und vielfach auch als Kontroll-Festpunkte K. F. für wichtige Knotenpunkte benutzten Mauerbolzen M. B., welche in Gestalt und Größe den Nummerbolzen gleichen, jedoch die Bezeichnung Niv. P. (Nivellements-Punkt) tragen. Die Höhen sind sämtlich auf Normal-Null (N. N.) bezogen.

Als Provinzialhauptpunkt für Elsaß-Lothringen, d. h. als wesentlichste Festlegungsmarke für den Landeshorizont und somit als fundamentaler Kontrollpunkt für alle Höhenpunkte der Provinz gilt Straßburg, Münster, Höhenmarke. Zu seiner Versicherung wurde 1898 die Straßburgen Schleife vermessen. Außer dieser wurden in Elsaß-Lothringen 17 Schleifenlinien und 11 Anschlußlinien von zusammen 1141 km Länge gemessen, außerdem die Höhe von 240 Punkten durch Signal-Nivellement bestimmt.

Ein Nivellement der Saar und Mosel führte im Auftrage des Kgl. Preuß. Ministeriums der öffentlichen Arbeiten im Jahre 1901 Dr. Busolt aus.[82]) Da die Mosel nur von Sierck, die Saar von Saargemünd an abwärts nivelliert wurde, kommt für das Reichsland die Arbeit nur für die kurze Strecke in Betracht, auf welcher die Saar die Grenze Elsaß-Lothringens gegen Preußen bildet.

L. Courvoisier[83]) stellte Untersuchungen über die absolute (d. h. von den Fehlern der Sternörter und des Instrumentes freie) Polhöhe von Straßburg an. Er legte dabei die Kaptaynsche Methode zugrunde und stellte seine Beobachtungen mit dem vorzüglichen Altazimuth der Straßburger Sternwarte an. Es ergab sich die Polhöhe $\varphi = +48^0\ 35'\ 1'',151$. Der Mittelwert der früher mit dem Meridiankreis bestimmten Polhöhen war $\varphi^1 = 48^0\ 35'\ 0''\ 82$. An diesem wäre also eine Korrektur von $0''\ 33$ anzubringen.

[82]) Präzisions-Nivellement der Saar und Mosel. Bureau für die Hauptnivellements und Wasserstandsbeobachtungen im Minist. d. öffentl. Arbeiten. Berlin 1903.

[83]) Untersuchungen über die absolute Polhöhe von Straßburg i. E. Straßb. Dissert. Heidelberg 1901.

E. Becker und W. Valentiner[84]) bestimmten nach den Beobachtungen von L. Courvoisier und L. Tanera die Längendifferenz zwischen der Straßburger Universitätssternwarte und der Sternwarte auf dem Königstuhl bei Heidelberg. Das Ergebnis war:

Sternwarte Straßburg $3^m\ 48^s,604$ westlich Sternwarte Königstuhl.

Durch Vergleichung der astronomischen Bestimmung mit der geodätischen Übertragung von Bonn aus, fand sich für Straßburg eine westliche Abweichung der Lotlinie von $2'',53$, die wohl ohne Zweifel auf den Einfluß der Vogesen zurückzuführen ist.

Schweremessungen sind in Elsaß-Lothringen in den Jahren 1901—1905 ausgeführt worden unter Leitung des damaligen Direktors der Straßburger Sternwarte E. Becker, der über ihre Ergebnisse zwei allerdings ziemlich kurze Berichte veröffentlicht hat.[85]) Die Messungen wurden mit einem Sterneckschen Pendel ausgeführt. Die Zahl der Schwerestationen beträgt bis jetzt 44, die ziemlich gleichmäßig über das Gebirge, die Lothringische Hochebene und die Oberrheinische Tiefebene verteilt sind. Im allgemeinen zeigten die Stationen im Rheintal eine geringe negative Schwere-Anomalie, die von N. nach S. abnimmt (Hagenau — 0,009 cm, Straßburg — 0,007 cm, Erstein — 0,005 cm, Mülhausen — 0,003 cm, Neu-Breisach allerdings wieder — 0,007 cm), die Stationen im Gebirge und auf der Hochebene positive Anomalien (Metzeral + 0,001 cm, Schlucht + 0,019 cm, Odilienberg + 0,027 cm, Bitsch + 0,024 cm, Metz + 0,005 cm, Sierck + 0,007 cm). Dazu stehen allerdings in auffallendem Gegensatz die Gebirgsstationen Lautenbach (— 0,001 cm) und Wildenstein (— 0,005 cm) und die lothringischen Stationen Falkenberg (— 0,016 cm) und Bolchen (— 0,001 cm). Die größten positiven Überschüsse zeigten die beiden Stationen zu beiden Seiten des Zaberner Passes: Saarburg (+ 0,032 cm) und Zabern (+ 0,037 cm). Von einer isostatischen Kompensation kann danach in unserem Gebiete nicht die Rede sein. Wie die Erscheinungen im einzelnen zu erklären sind, steht noch dahin.

---

[84]) Bestimmung der Längendifferenz zwischen der Großh. Sternwarte bei Heidelberg u. d. Kaiserl. Univ.-Sternwerte Straßburg i. E. Karlsruhe 1906.

[85]) Verh. der 14. allgem. Konferenz der internat. Erdmessung in Kopenhagen. Bd. I, Beilage A XX. Berlin 1904 u. Verh. der 15. allgem. Konferenz der internat. Erdmessung in Budapest. Bd. I Beil. A XIII d. Berlin 1908.

Da die Oberrheinische Tiefebene durch Einsinken mächtiger Schichtenkomplexe entstanden ist, sollte man eigentlich in der Tiefe unter ihr Schichten von ziemlicher Dichtigkeit und daher in der Ebene positive Anomalien erwarten. Möglich, daß die ziemlich mächtigen lockeren Schottermassen den Einfluß der dichteren Tiefenschichten mehr als kompensieren und so eine negative Anomalie hervorbringen.

Zur Erforschung der Erdbeben wurde 1900 in Straßburg eine Zentralstation eingerichtet, für welche die Kosten zu gleichen Teilen vom Deutschen Reich und von Elsaß-Lothringen aufgebracht werden. Der erste Direktor des Instituts, G. Gerland[86]), gab eine Beschreibung des Stationsgebäudes und der in ihm aufgestellten Instrumente und legte zugleich die Aufgaben dar, welche das Institut zu lösen berufen ist. Die Zentralstation gibt jeden Monat Berichte über die von den Instrumenten aufgezeichneten Erdbebenbewegung heraus.[87]) Die meisten derselben stammen natürlich aus fernen Gegenden, nur ausnahmsweise kommen auch Nahbeben zur Beobachtung. Einen zusammenfassenden Bericht über die neueren Arbeiten in dem seismologischen Observatorium gab C. Mainka.[88])

5. Geologie (ausschl. Karten, rein petrographische, paläontologische und mineralogische Arbeiten)

von B. Weigand.

Abkürzungen.

Die wichtigsten Veröffentlichungen finden sich in den Abhandlungen (Abh. L.-A.) und Mitteilungen (Mtt. L.-A.) der Geologischen Landesanstalt von Elsaß-Lothringen; ferner in den Mitteilungen der Philomathischen Gesellschaft in Elsaß-Lothringen (Mtt. Phil. G.) und den Berichten über die Versammlungen des Oberrheinischen geologischen Vereins (Ber. Ob. V.).

Übersicht und Stoffanordnung.

Unser Gebiet gliedert sich von Ost nach West in 1. Rheinebene, 2. Vorhügel, 3. Vogesen und Hardt, 4. lothringisches

[86]) Die Kaiserl. Hauptstation für Erdbebenforschung in Straßburg und die moderne Seismologie. Beiträge zur Geophysik, Bd. 4, Leipzig 1900. S. 427—472.

[87]) Monatsberichte der Kaiserl. Hauptstation für Erdbebenforschung in Straßburg. Seit 1900.

[88]) Verhandl. der ersten Generalversammlung der internat. seismologischen Assoziation im Haag. 1907. S. 2—10.

Stufenland; im Süden erstreckt es sich in den 5. Kettenjura. Diese 5 Einheiten waren im verflossenen Jahrzehnt in sehr verschiedenem Grade Gegenstand von Veröffentlichungen. Naturgemäß hat die hervorragende Bedeutung der nutzbaren Mineralien: Steinkohle und Eisenerz in Lothringen, Edelerze in den Vogesen, Erdöl und Kalisalz im Elsaß dazu geführt, die Aufmerksamkeit besonders auf die an den genannten Bodenschätzen reichen Formationen und damit auf die Gebiete ihres Vorkommens zu lenken, sowie auch die zur Untersuchung ausgeführten Aufschlüsse, besonders Tiefbohrungen, die Erforschung der in Frage kommenden Formationen begünstigt, ja z. T. allein ermöglicht haben. Andererseits hat die erhöhte Anteilnahme an der Frage nach dem Ursprunge und der Herkunft des Menschen zur Erforschung des vielgestaltigen Quartärs angespornt, dessen Gliederung auch von Seiten der kartierenden Geologen mit wachsendem Erfolge durchzuführen versucht wurde.

Es ist versucht worden, den Stoff so anzuordnen, daß zuerst die Tektonik des Gesamtgebietes und der geologischen Einheiten behandelt wird, dann die übrigen vorliegenden Arbeiten, nach Formationen geordnet ausgeführt werden. Eine reinliche Scheidung ist hier nicht möglich, da auch mineralogische, palaeontologische oder stratigraphische Untersuchungen vielfach die Tektonik zu fördern suchen.

Tektonik.

Wir beginnen mit dem Hinweis auf den Geologischen Führer durch das Elsaß, der 1900 erschien und somit passend den zu behandelnden Zeitabschnitt einleitet.[89])

Eine anschauliche, volkstümlich gehaltene Darstellung der geologischen Schicksale des Reichslandes gab van Werveke 1902[90]) bei einer Tagung der Phil. Ges. in Gebweiler; eine Schilderung der Geologie des Großen Belchen 1910[91]). Eingehender, für Geologen bestimmt, ist der Vortrag desselben Verfassers[92]) bei Gelegenheit des Besuches belgischer Fach-

[89]) Geol. Führer durch das Elsaß v. E. W. Benecke, H. Bücking, E. Schumacher und L. van Werveke. Berlin. Gebr. Bornträger. 1900.

[90]) Wie die Umgebung von Gebweiler entstanden ist. Mtt. Phil. G. III. 58—70.

[91]) Belchenlieder. Boltze, Gebweiler 1910. 1—23.

[92]) Aperçu sur la constitution et l'histoire géol. des Vosges. Ann. soc. géol. Belg. XXXIV. 09. 247—264.

genossen 1909. Die Frage, ob die Vogesen als Horst aufzufassen oder durch einen Faltungsvorgang entstanden seien, behandelt van Werveke in den Erläuterungen[93]) zu den Blättern Saarbrücken und Pfalzburg der tektonischen Übersichtskarte im Maßstabe 1:200.000; er berichtet darüber kurz in Mtt. Phil. G.[94]) und ausführlich[95]) mit Berücksichtigung der einschlägigen Literatur in einem längeren Aufsatze: die Trierer Bucht und die Horsttheorie. Ergebnisse: Die höher liegenden Gebirgsstücke sind nicht stehengebliebene Teile der Erdrinde, sondern haben ihre höhere Lage durch Hebung erhalten. Die Hebung ist durch Faltenbildung infolge seitlichen Zusammenschubs bedingt. Eine erste Aufrichtung der Schichten fand wahrscheinlich schon vor dem Kambrium statt, eine zweite vor dem Silur, die dritte nach dem Unterkarbon. Später spielten die Vogesen die Rolle einer Antiklinale, wie auch Ardennen und Hochwald. In der Synklinale zwischen ihnen wurde Oberkarbon abgesetzt, im Unterrotliegenden wurde diese längsgefaltet. Mehrfach wiederholten sich jüngere antiklinale Bewegungen. Spalten scheinen in der Hauptsache jünger, etwa frühestens oligocänen Alters zu sein.

Eine übersichtliche Darstellung des Baues von Lothringen findet sich auch in einer längeren brieflichen Mitteilung van Wervekes[96]) an das Centralblatt für Mineralogie. Die Erläuterungen zu den Blättern der geologischen Spezialkarte enthalten ein reiches Beobachtungsmaterial zur Tektonik der dargestellten Gebiete (siehe den betr. Bericht); insbesondere sei hier auf die ausführliche und eingehende Darstellung des Baues der Zaberner Senke durch Schumacher[97]) hingewiesen. Mit der synklinalen Lagerung der Schichten im Gebirge verbindet sich hier nach dem Rheintal zu an Stelle eines unvermittelten Abbruches staffelförmiges Absinken des Gebirges.

Seinerzeit hatte Steinmann aus dem Verlaufe der Juraketten auf eine Fortsetzung des Rheintalgrabens nach Süden geschlossen und als Westgrenze eine Bruchspalte konstruiert,

---

[93]) Erläuterungen zu d. Bl. Saarbrücken und Pfalzburg d. tekt. Üb.-Karte 1:200.000.

[94]) Bemerkungen u. s. w. Mtt. Phil. G. III. 233—241.

[95]) Die Trierer Bucht und die Horsttheorie. Berichte Niederrhein. Geol. Verein. 1910. 12—37.

[96]) Centralblatt f. Min. 04. 390—395.

[97]) Erläuterungen zu Blatt Pfalzburg d. geol. Spezialkarte v. E.-L. 1902.

die in Verlängerung der Hauptbruchspalte der Vogesen von Gebweiler über Altkirch nach dem Westende der Bürgerwaldkette verliefe. Durch die neuerlichen Tiefbohrungen hat diese Annahme keine Bestätigung erfahren. Im Gegenteil hat der Sundgau, wie van Werveke[98]) nachweist, eine höhere Lage als die nördlich gelegenen Grabenteile; es findet vom Schwarzwald ab ein treppenförmiges Absinken gegen Westen über die oben angenommene Störungslinie hin statt. Der Graben von Dammerkirch nimmt die Stelle des nach Steinmann als höher liegend gedachten Westflügels der Verwerfung ein. Die Juraketten, die durch den Rheintalgraben zum weiteren Vordringen nach Norden veranlaßt sein sollten, haben den Rücken des Sundgaus vor sich. Auch die Tertiärbecken im Kettenjura sind nicht auf das Gebiet der vermuteten Grabenverlängerung beschränkt, sondern bilden einen SW-NO streichenden Zug, parallel zur Mulde von Montbéliard. — Man vergleiche auch die Beobachtung von van Werveke[99]) im Jura 1910, wo gleichfalls der Westflügel der Verwerfung abgesunken ist.

Über das verschiedene Alter von Vogesen und Schwarzwald, wie über die Richtung des Einfallens der Rheintalspalten vergleiche man gleichfalls van Werveke,[100]) Seite 238 ff., sowie Salomon.[101])

Älteste Formationen. Kristalline Gesteine. Erze.

Die kristallinen Gesteine der Südvogesen werden von Vélain und Michel Lévy[102]) in eine Natronreiche Gruppe, die älter ist als der Ballongranit, und eine Kalireiche Gruppe, eben diesen Granit und jüngere Gesteine, eingeteilt. Es zeigt sich hierin, wie in den Kulmgesteinen Übereinstimmung mit dem Morvan. Die mittleren Vogesen behandelt van Werveke in den Arbeiten über „einige Granite der Vogesen“[103]) und „zur Geologie

[98]) Die Tektonik des Sundgaues u. ihre Bez. zur Tektonik d. angrenz. Teile des Juragebirges. Mtt. L.-A. VI. 323—339.

[99]) Eine Verwerfung im oberelsässischen Juragebirge. Mtt. Phil. G. IV. 219.

[100]) Siehe Anm. 94 auf der vorhergehenden Seite.

[101]) Über die Stellung der Randspalten d. Ellerbacher u. des Rheingrabens. Zeitschrift D. Geol. Ges. 55. 403—418.

[102]) Les terrains primaires du sud des Vosges. C. R. CXLI. 10. 1080—1082.

[103]) Mtt. L.-A. V. 367—380.

der mittleren Vogesen und der Umgebung von Kaysersberg".[104]) Das besprochene Gebiet liegt zwischen Weier im Münstertal und Rappoltsweiler; ein Teil der dortigen bisher als Gneis aufgefaßten Gesteine sind teils Granite (Dreiährengranit), teils von Granit durchdrungene archaeische Gneise. Die Grenzzone Cohen's von Urbeis und Laach ist durch Granitapophysen gebildet und die sie begleitenden Glimmerschiefer sind eine Kontaktzone der durchbrochenen Weiler Schiefer. Diese Grenzzone wird zur Festlegung der Grenze von Mittel- und Nordvogesen benutzt. Bruhns[105]) behandelt im Anschluß an die Aufnahmen von van Werveke das Granitgebiet zwischen Kaysersberg und Rappoltsweiler.

Hier wird wohl am passendsten die Arbeit von F. Th. Müller[106]) erwähnt, die sich mit den längst zum Erliegen gekommenen Eisenerzgruben von Rothau und Framont im Breuschtale beschäftigt. Abgebaut wurden Eisenglanz-Magnetitgänge im Granit von Rothau; das Erz muß sich in „vorhandenen Spalten des Gesteins aus wässeriger Lösung abgesetzt" haben, und zeigt noch heute die ursprüngliche Beschaffenheit. Bei Framont ist das Nebengestein Devon, dessen Konglomeraten Kalkstein- und Dolomitlager eingeschaltet sind. Das Erz, Roteisenerz, Eisenglanz, Brauneisen, Magnetit, Eisenspat, daneben Kupfererze durchsetzt gangförmig die Kalklinsen; groß ist der Reichtum an Mineralien, am berühmtesten darunter der dort erstmalig entdeckte Phenakit (Beyrich, 1835). Der Kalkspat ist von den Gängen aus teils in Braun- bis Eisenspat und Eisenglanz umgewandelt, teils in Kalksilikathornfels, das metamorphosierende Gestein bei letzterem Vorkommen aber nicht aufgeschlossen. Pneumatolyse, vielleicht in Verbindung mit Thermalwirkung, wird als wahrscheinlichste Bildungsart der Erze angenommen.

Über die Erzvorkommen des Tales von Markirch und des Weilertals sind eine Reihe von Arbeiten erschienen, die zugleich Aufschlüsse über den Bau des Gebirges bringen. Wir nennen die Aufsätze von Ungemach[107]): Die Erzlagerstätten des Weilertales, auch französisch[108]) erschienen, besprochen von van Wer-

[104]) Mtt. Phil. G. II. 02. 428—440. III. 209—232. M. 2 Profilen u. 3 Taf.

[105]) Mtt. L.-A. VII. 1—9.

[106]) Mtt. L.-A. V. 417—472.

[107]) Mtt. L.-A. VI. 48—131.

[108]) Les gîtes métallifères du val de Villé. Bull. soc. fr. min. 06. 196—282.

veke[109]); vom selben Verfasser: Die Grube Sylvester[110]); von Dürr[111]) über Markircher Erze; von Dürrfeld[112]) über Mineralien von Urbeis; von van Werveke[113]) über Kupfererzvorkommen bei Triembach. Rhein[114]) untersuchte den Hornblendegneis und Serpentin von Markirch i. Els.

Karbon.

Aus dem Unterkarbon vom Roßberg in den Südvogesen beschreibt Schumacher[115]) Trilobiten; sie gehören dem Visé-Horizont an und zeigen Verwandtschaft mit den Vorkommen von Königsberg bei Gießen und von Niederschlesien. Tornquist[116]) faßt die Grauwacken als den Flysch „der intrakarbonen Gebirgsbildung" auf, d. h.: „als einen Tiefseegrus von Trümmern submariner Gebirgserhebungen".

Eine größere Anzahl von Veröffentlichungen behandelt das Vorkommen der Steinkohle, vornehmlich in Lothringen, besonders die Frage ihrer Erstreckung nach Südwesten in das französische Gebiet hinein. Wir verdanken van Werveke[117]) eine zusammenfassende Darstellung; zugleich mit einem Verzeichnis und einer Altersbestimmung der Graphit-, Anthrazit- und Kohlenvorkommen der Süd- und Mittelvogesen, sowie Erwägungen über die Aussichten, in diesem Gebiete noch abbauwürdige Flötze zu treffen. Der Verfasser gibt dann eine ausführlichere Besprechung der lothringischen Kohlen. Die Bedeutung des Triassattels von Buschborn auch als Kohlensattel wird hervorgehoben (s. auch Mtt. Phil. G. II, 405). Die praktisch wichtige Frage nach der Unterlage der Trias und damit nach der Wahrscheinlichkeit, Steinkohle anzutreffen und nach der Tiefe, in der sie zu erwarten ist, ist durch zahlreiche Bohrungen ihrer Beantwortung näher geführt worden. Leider wurden die Ergebnisse vielfach geheim gehalten. Unter den durch van Werveke

[109]) Mtt. Phil. G. III. 535—540.
[110]) Ungemach: Die Grube Sylvester. Mtt. Phil. G. IV. 7—10.
[111]) Mtt. L.-A. VI. 183—248.
[112]) Mtt. L.-A. VII. 115—126.
[113]) Mtt. Phil. G. III. 541—548.
[114]) Mtt. L.-A. VI. 132—182.
[115]) Ztschr. D. Geol. Ges. 55. 432—438.
[116]) Mtt. geol. pal. Inst. Königsberg 09.
[117]) Die Kohlenablagerungen des Reichslandes. Mtt. Phil. G. II. 241—260.

bekannt gegebenen Ergebnissen verdient Aufmerksamkeit die von Bruhns[118]) veröffentlichte Mitteilung über Schichten des Rotliegenden, die in der Bohrung bei Colmen, n. v. Busendorf angetroffen wurden. Von 610 m Tiefe an begann die Kernbohrung im Porphyrkonglomerat des Rotliegenden. Van Werveke fand bis 946,5 m einen Wechsel von Porphyrit und Porphyrkonglomerat; das Rotliegende besitzt hier also eine gewaltige Entwicklung; Bruhns wies 10 Porphyritdecken nach, die durch Konglomeratschichten aus Bruchstücken der Deckengesteine, eines Augitporphyrits, in Decke III eines Hornblendeporphyrits getrennt sind. Ein anscheinend davon der geologischen Stellung nach verschiedenes, orthoklasreiches porphyrisches Eruptivgestein, ein Pyroxenporphyr, wurde bei 384 und 409 m Tiefe bei Brettnach s. v. Busendorf erbohrt. Stark zersetzte Eruptivgesteine traf der Bohrer bei Busendorf in 468—513 m; bei Willingen, ö. von Busendorf in 511 m; bei Falkenberg in 733 m. Mit den Angaben von Joly über die in einem Bohrloche bei Longwy durchsunkenen Schichten, angeblich Perm in großer, Trias in sehr geringer Mächtigkeit, befaßt sich kritisch van Werveke[119]) in seiner Arbeit: Zur Frage des Vorkommens von Kohle in der Luxemburger Bucht und über die Randbildungen der Trias. Er weist nach, daß dort oberer Buntsandstein auf Devon lagert, daß also die West- und Nordwestgrenze des Saar-Lothringer Kohlenvorkommens weit im Süden und Südosten von Longwy liegen müsse, nämlich jenseits eines breiten Streifens, in dem Vogesensandstein auf Devon übergreifend zu erwarten ist; erst südlich von Briey könne man die Ottweiler Schichten anzutreffen hoffen.

Die Möglichkeit, eine östliche Fortsetzung der mächtigen Kohlenflötze von Ronchamp, Frankreich, im Ober-Elsaß zu erschließen, erwägt van Werveke[120]) in einem Gutachten, 15. Dez. 1900 abgegeben und 1908 veröffentlicht. Er gelangt zu einem negativen Ergebnis; ebenso in dem Vortrage[121]) über das Kohlenvorkommen von Laach (Weilertal), von dem eine genaue Beschreibung mit geschichtlichen Notizen und geologischen Profilen gegeben wird.

[118]) Eruptivgesteine aus Tiefbohrungen in Deutsch-Lothringen. Mtt. L.-A. VI. 253—270.

[119]) Zur Frage des Vorkommens von Kohle in der Luxemb. Bucht und über die Randbildungen der Trias. Mtt. L.-A. VI. 341—360.

[120]) Mtt. L.-A. VI. 361—368.

[121]) Mtt. Phil. G. II. 405—415.

Mesozoïsche Formationen.

Die Kohle der Estherienschichten des Salzkeupers von Hilsprich bei Püttlingen i. Lothr. behandelt van Werveke[122]) gleichfalls. Eine technische Verwendung dieses Vorkommens ist nicht zu erwarten, wenn es auch zur Verleihung von zwei Bergwerken geführt hat.

Über die Grenze der einstigen Ausdehnung des Vogesensandsteins nach Süden und über die transgredierende Lagerung des Hauptkonglomerats und obern Buntsandsteins siehe den Vortrag von van Werveke[123]) auf der Versammlung des Niederrhein. geol. Vereins zu Trier.

Zur Kenntnis der Mächtigkeit der Triasschichten in Lothringen trägt die Veröffentlichung der Bohrergebnisse von Dieuze durch van Werveke[124]) bei. Zwischen Schilfsandstein und mittleren Buntsandstein, von dem 79,5 m aufgeschlossen wurden, ergab sich eine Mächtigkeit von 567,5 m. Auch hier fanden sich die beiden aus Lothringen bereits bekannten Salzlager, im Salzkeuper und im mittleren Muschelkalk; der Abstand beider beträgt 184 m.

Von Wichtigkeit für die Frage nach den Bildungsbedingungen des Plattendolomits ist der Nachweis von Anhydrit durch van Werveke.[125])

Für die Klarlegung der Verhältnisse im westlothringischen Eisenerzgebiete erschienen im Jahre 1901 grundlegende Arbeiten: E. W. Benecke[126]) veröffentlichte eine Gliederung der erzführenden Schichtengruppe auf Grund palaeontologischer Befunde.

Er unterscheidet über dem Posidonienschiefer die Zonen 1. des Harp. striatulum, 2. des Harpoceras fallaciosum, die von ihm, abweichend von Branco 1878, noch zum Lias gerechnet werden und kein abbauwürdiges Erzlager enthalten. Mit der folgenden 3. Zone der Dumortieria Levesquei wird der Dogger begonnen, sie enthält das schwarze Lager, darauf folgt 4. die Zone der Dumort. subundulata und des Lioc. opalinum mit dem

---

[122]) Mtt. Phil. G. II. 453—457. 564—566.

[123]) Ber. Niederrhein. geol. V. 1910. S. 38 ff.

[124]) Profil der Trias aus einer Tiefbohrung in Dieuze (Lothr.). Mtt. L.-A. VI. 361—368.

[125]) Mtt. L.-A. VII. 291—292.

[126]) Mtt. L.-A. V. 139—164.

braunen, grauen, gelben, roten und den rotkalkigen Lagern; die 5. Zone, des Harp. Murchisonae, führt das oberste, das rotsandige Erzlager. Darüber folgen die Knollenmergel der Sowerbyi-Zone. Die eben aufgeführten Zonen werden beschrieben unter Beifügung von Fossillisten. Handelt es sich hier um obersten Lias und untern Dogger, so gibt L. van Werveke[127]) im selben Heft der Mtt. Profile zur Gliederung des gesamten Lias und Doggers von Westlothringen in Gegenüberstellung mit der elsässischen Ausbildung dieser Formationen, und läßt im nächsten Hefte[128]) eine Untersuchung über die Zusammensetzung und Entstehung der Erze folgen. Eine wohl erschöpfende Literaturliste begleitet die drei erwähnten Arbeiten. Der Verfasser kommt aus eigenen Untersuchungen zu dem Ergebnis, daß das Eisen aus den Posidonienschiefern stammt, die infolge eingetretener Hebung, worauf ein Konglomerat deutet, stellenweise schon im obersten Lias und untern Dogger abgetragen wurden. Die Erzbildung ging gleichzeitig mit der Bildung der erzführenden Schichten vor sich; und zwar in Form von Eisensilikat (Thuringit), auf das die Kieselskelette der Oolithkörner sowie die chemische Beschaffenheit der Kittsubstanz deuten. Mit dem Nachweis des Kieselsäuregerüstes der Oolithkörner beschäftigt sich van Werveke[129]) in einer eigenen Arbeit. Eisenspath, Eisenkies, Magnesit mögen gleichfalls ursprüngliche Bildungen sein; das jetzt die Hauptmasse bildende Eisenoxydhydrat ist wohl zum großen Teil ein Zersetzungsprodukt. Der Sandgehalt einiger Lager wird auf Küstennähe, der Kalkgehalt anderer auf größere Entfernung von der Küste zurückgeführt.

Eine kürzere Darstellung gab van Werveke[130]) bereits 1901; eine Fortsetzung der Literaturübersicht und Darstellung der bis 1910 gewonnenen Ergebnisse der Forschung im Bericht[131]) üb. die Vers. d. Niederrheinischen geol. Vereins 1910. Das große zum X. internat. Geol. Kongreß in Stockholm vorbereitete Werk über die Eisenerzvorräte der Erde enthält in seinem 2. Bande

---

[127]) Mtt. L.-A. V. 165—246.

[128]) Mtt. L.-A. V. 275—302.

[129]) Mtt. L.-A. V. 304—310.

[130]) Bemerkungen über Zusammensetzung und Entstehung der lothringisch-luxemburgischen oolithischen Eisenerze. Ber. Ob. V. 1901. 19—36.

[131]) Die lothringisch-luxemburgischen Minetteablagerungen. Ber. Niederrhein. Geol. Verein 1910. 51—108. Mit 4 Profiltafeln u. der Abbildung eines Tagebaues.

die Übersicht über die Lothringer Eisenerze, verfaßt von Einecke & Kohler.[132]) Wir weisen hier anhangsweise auf die Arbeiten über die Phosphoritzone bei Delme an der Grenze von Lias α und β von van Werveke,[133]) und Phosphorite des oberen Lias von Klüpfel[134]) hin.

Die Reihe der die Vorhügel aufbauenden Formationsglieder ist durch das Auffinden von unterstem Malm oder oberem Kallovien auf dem Gipfel des Scharrach bei Sulzbad vermehrt worden, das Vorkommen wurde von Benecke und van Werveke[135]) bekannt gegeben, die Fauna eingehend von Benecke[136]) beschrieben, und die Bildung mit den gleichaltrigen schwäbischen und schweizerischen verglichen. Es handelt sich jedenfalls um Grenzschichten vom mittleren und oberen Jura. Der Verfasser stellt das Vorkommen zum Kallovien.

Für die Begrenzung des Kretazischen Festlandes, das für die Denudation der Malmdecke angezogen zu werden pflegt, ist eine Arbeit von Zschokke und Rollier[137]) beachtenswert. Die in Jurataschen erhaltenen Klebsande, Huppererde, Bohnerze, Bolus stammen nach diesen Autoren von zerstörten Schichten der untern Kreideformation, die danach bis in das südliche Elsaß hineingereicht haben müsse.

Tertiär.

Derartige Taschen mit Huppererde in der Oberfläche des Malm beschreibt auch Förster,[138]) und geht dabei auf die Geschichte des Oberelsaß zur Kreide- und Eocänzeit näher ein. Er stellt[139]) eine eocäne Süßwasserbildung für das Oberelsaß fest, durch die Bohrung von Zimmersheim erschlossen; eine ungeahnte Mächtigkeit wies das Oligocän auf; sie wurde aber weit über-

[132]) The iron ore resources of the world. Stockholm 1910. II. 711—715.

[133]) Mtt. L.-A. V. 345—349.

[134]) Mtt. Phil. G. IV. 71—76.

[135]) Malm im Unter-Elsaß. Centralblatt f. Min. 08. 609—610.

[136]) Über einen neuen Juraaufschluß im Unter-Elsaß. Mtt. L.-A. VI. 401—460.

[137]) Die feuerfesten Tone usw. Beitr. z. Geol. d. Schweiz. Geotekton. Serie. 07. 171—197.

[138]) Oberer Melanienkalk usw. Mtt. L.-A. VII. 63—89, vgl. auch Mtt. L.-A. VII. 511 Anm.

[139]) Weißer Jura unter dem Tertiär des Sundgaus. Mtt. L.-A. V. 381—416, m. 3 Profilen S. 414.

troffen durch die Bohrungen weiter im Norden im Wittelsheimer Kalibecken.

Auch diese so junge Erschließung des ober-elsässischen Kalilagers — am 13. Juni 1904 begann die erste erfolgreiche Bohrung, Wittelsheim I — hat bereits eine eingehende Darstellung gefunden; und zwar ebenfalls durch B. Förster, der bereits 1909 eine vorläufige Mitteilung[140]) veröffentlichte und 1911 eine ausführliche Abhandlung[141]) darüber geliefert hat.

Die Geschichte der älteren Tertiärzeit im Oberelsaß ist dadurch in ganz ungeahnter Weise klargelegt worden. Die Mächtigkeit der Ablagerungen hat sich als über Erwarten groß gezeigt, ebenso der Betrag des Absinkens im obern Rheintal bereits in jener frühen Epoche seiner Bildung; wir können den Wechsel mariner und limnischer Bildungen verfolgen, die das tiefe Becken allmählich ausfüllten. Förster findet aber S. 512 ff. auch in den Bohrprofilen eine Bestätigung der bekannten Anschauung von van Werveke über verschiedenes Alter der tertiären Küstenkonglomerate, einer Anschauung, die schon Kessler[142]) durch die Untersuchung über Tage der in der mittelrheinischen Tiefebene bekannten Vorkommen als begründet nachgewiesen hatte. Förster dehnt die Zeit der Bildung der Konglomerate weiter aus. [Kessler erklärte alle für Mitteloligocän]. Die tiefsten Konglomerate zeigen Jurageröllе und gehören dem Obereocän an. Darüber führen die Konglomerate Jura und Muschelkalk: tiefstes Oligocän. Wesentlich höher liegen in den Schichten Buntsandsteinreste. „Die Schichtenfolge der Konglomerate entspricht der ganzen mächtigen Schichtenfolge zwischen Obereocän und Meeressand“. Das Bruchfeld von Wittelsheim wird in einem Kärtchen (S. 490) dargestellt, wie es bei Annahme von Verwerfungen erscheint: in Form von Sätteln und Mulden gelangt es auf S. 486 zur Darstellung. Der Vorrat an Kali wird auf 300 Mill. Tonnen veranschlagt. Das Auffinden von Kalisalzen außerhalb des erforschten Gebietes ist durchaus unwahrscheinlich. Die Mineralien hat Görgey[143]) untersucht.

[140]) Vorläuf. Mitt. üb. d. Ergebnisse der Untersuchung von Bohrproben usw. Mtt. L.-A. VII. 127—132.

[141]) Ergebnisse von Bohrproben usw. Mtt. L.-A. VII. 349—524. M. 3 Profilen und Karte.

[142]) Die tertiären Küstenkonglomerate usw. Mtt. L.-A. VII. 167—290 m. Kärtchen.

[143]) Tschermak's Min. Mitt. N. F. 29. 517—519.

Die lange vor Auffindung der Kalilager gehegte Hoffnung auf die Erbohrung von Erdöl scheint durch die Erforschung des Gebiets endgültig zerstört worden zu sein.

Eine zusammenfassende Darstellung der tertiären Braunkohlen des Unterelsaß, deren Gewinnung der Vergangenheit angehört, gab van Werveke[144]) im Klein'schen Handbuch.

Die Erforschung und Ausbeutung der Erdöllager des Unterelsaß wurde lebhaft fortgesetzt. Auch hier verdanken wir den steten Bemühungen von van Werveke die Erweiterung unserer Kenntnisse und die wissenschaftliche Ausnutzung der durch Bohrungen geschaffenen Aufschlüsse; veröffentlicht teils 1901,[145]) teils 1907,[146]) teils in dem Sammelwerk von Höfer.[147]) Danach sind unsere Petroleumlager ursprünglich auf der Grenze der Wechselwirkung von Süß-, Brack- und Meerwasser entstanden, durch massenhafte Vernichtung marinen Lebens infolge von Süßwasserzufuhr. Daher bildet der Ölhorizont nicht eine bestimmte Schicht, sondern ein Schichtbündel mit schnell wechselnden Gliedern und ist durch den Verlauf der damaligen Küste in seiner Ausdehnung bedingt. Die Zurückführung auf tiefere Lager, aus denen das Erdöl in Spalten aufgestiegen sei, und den Kalk der Mergel gelöst habe, wie sie von Monke und Beyschlag[148]) angenommen wird, weist van Werveke zurück; die Ölsandlinsen folgen nicht den 2 Hauptstreichlinien der Verwerfungen, zeigen keinen Imprägnationsrand, sondern sind scharf abgegrenzt; Verwerfungen, die Linsen durchsetzend, sind nicht beobachtet; die Vorkommen sind mehr nesterartig; das Öl verschiedener Vorkommen ist recht verschieden; Befunde, die eine Lösung des Kalkes durch Rohöl beweisen, sind nicht bekannt geworden; die schwersten Öle liegen unten, also erklärt auch ein Abdunsten der oberen nicht die chemische Verschiedenheit; von der Hauptspalte bleiben die ölführenden Schichten mindestens 700 m entfernt. Auch spricht die regelmäßig sich ändernde Höhenlage der roten Mergel unter dem Hauptölhorizont gegen das Vorhandensein von größeren

---

[144]) Handbuch f. d. deutschen Braunkohlenbergbau. 07. 78—81.

[145]) Zur Frage der Entstehung der elsässischen Erdöllager. Mtt. Phil. G. II. 416—420.

[146]) Über die Entstehung der elsässischen Erdöllager. Mtt. L.-A. VI. 1—30.

[147]) Die Geologie usw. des Erdöls. Lpzg. 09. II. 209—234.

[148]) Zeitschrift f. prakt. Geologie. 05. S. 1—5, 65—69, 421—426.

Spalten; Ölsande und Mergel wechseln oft in sehr dünnen Schichten. Sapropelbildung in älteren Schichten als Quelle des auf sekundärer Lagerstätte gefundenen Erdöls ist nicht bekannt und nach der geologischen Vergangenheit dieses Gebietes unwahrscheinlich. — Diesem Aufsatze schließt van Werveke[149]) eine Darstellung der Schichtenfolge an, wie sie im eben besprochenen Gebiete bei 2 Bohrungen beobachtet worden ist, bei Oberstritten und Oberkutzenhausen. 713 m wurden im Oligocän durchsunken, die ganze Mächtigkeit des Tertiär ist also auch hier im Unter-Elsaß noch weit bedeutender.

Quartär.

Die Gliederung des Quartärs im Rheintal ist durch die Kartierungen wesentlich gefördert worden. Wir verweisen dafür auf die Erörterungen von van Werveke, Schumacher, Förster zu den erschienenen Blättern. Gegen die Ausscheidung einer „Mittelterrasse" durch Steinmann hat sich van Werveke[150]) auf Grund einer Nachprüfung der Lagerungsverhältnisse in Oberbaden erklärt; einleitend gibt er eine Übersicht über die Geschichte der Gliederung des Löß der Mittelrheinebene durch Schumacher und Förster, und wendet sich gegen die dem letzteren gemachten Einwände von Gutzwiller.[151]) Schumacher und van Werveke[152]) führen uns in die Diluvialaufschlüsse westlich von Straßburg.

Diejenigen Lehmablagerungen, bei denen die Entstehung aus Löß nicht anzunehmen ist, behandelt van Werveke[153]) unter Bezugnahme auf die Blätter der Spezialkarte Buchsweiler und Pfaffenhofen im Unter-Elsaß; Saaralben und Saarunion in Lothringen. Zur Kenntnis des Diluviums in Lothringen bringt auch der Aufsatz desselben Verfassers[154]) über die lothringischen Mardellen einen Beitrag.

---

[149]) Schichtenfolge im Oligocän usw. Mtt. L.-A. VI. 31—47.

[150]) Die Mittelterrasse d. Gegend v. Freiburg i. B. Mtt. L.-A. VII. 133—154.

[151]) Der Löß des Hohröderhübels u. d. Wittenheimer Sandlöß. Ber. Ob. V. 01. 12—18.

[152]) Bericht usw. Mtt. Phil. G. II. 545—553.

[153]) Die Gliederung d. Lehmablagerungen im Unter-Elsaß u. in Lothringen. Mtt. L.-A. V. 311—321.

[154]) Beitrag z. Kenntnis d. lothringischen Mardellen usw. Mtt. L.-A. V. 351—366.

Die zahlreichen Arbeiten über die Fauna des Quartär, insbesondere den Menschen, übergehen wir, da sie außerhalb des Rahmens dieses Berichtes liegen, den wir hiermit abschließen.

6. Hydrographie

von R. Langenbeck.

Zunächst seien hier zwei fortlaufende Veröffentlichungen des Ministeriums von Elsaß-Lothringen (Abteilung für Landwirtschaft und öffentliche Arbeiten) genannt, die Wasserstandsbeobachtungen an den Hauptpegeln der elsaß-lothringischen Flüsse.[155]) Sie enthalten die an jedem Tage morgens beobachteten Wasserstände, die Mittelwerte aus sämtlichen, meistens dreimal des Tages stattgefundenen, Beobachtungen des Monats und die beobachteten höchsten und niedrigsten Wasserstände des Monats. Die beigegebenen graphischen Darstellungen geben eine gute Übersicht über den Verlauf der Wasserstandsbewegungen während des Jahres.

Im Auftrage des Preußischen Ministeriums für öffentliche Arbeiten bearbeitete E. Beyerhaus[156]) den Rhein von Straßburg abwärts in technischer und wirtschaftlicher Beziehung. Das Werk zerfällt in 4 Abschnitte: 1. Der Stromlauf und sein Niederschlagsgebiet, 2. Der Ausbau des Stromes, 3. Die Hafenanlagen und ihr Verkehr, 4. Die Rheinflotte und der Schiffsverkehr auf dem Rhein. Für uns kommen hier hauptsächlich in Betracht das 1. Kapitel des 2. Abschnitts, in welchem die Rheinkorrektion von Straßburg bis Mannheim besprochen und durch 3 Karten (im Text) erläutert wird und das 1. Kapitel des 3. Abschnitts, in welchem die Hafenanlagen von Straßburg, Kehl und Lauterburg beschrieben werden. Pläne des Straßburger und Kehler Hafens sind ihm beigegeben. Der 4. Abschnitt würde noch im nächstjährigen Bericht bei der Wirtschaftsgeographie zu besprechen sein. Über den Rhein liegt weiterhin eine sehr umfang-

---

[155]) Wasserstandsbeobachtungen an den Pegeln des Rheins längs des elsaß-lothringischen Gebiets. Straßburg seit 1881; Wasserstandsbeobachtungen an den Hauptpegeln der Ill und ihrer Nebenflüsse, sowie der Mosel und Saar. Straßburg seit 1881.

[156]) Der Rhein von Straßburg bis zur holländischen Grenze in technischer und wirtschaftlicher Beziehung. Koblenz 1902.

reiche und bedeutsame Arbeit von G. Eisenmenger[157]) vor. Der Verf. hat es darin unternommen, die Entwickelungsgeschichte des Rheins von der Quelle bis zur Mündung, so wie aller seiner bedeutenderen Nebenflüsse zur Darstellung zu bringen. Wenn er auch im einzelnen nicht gerade sehr viel ganz Neues bietet, so ist seine Arbeit doch von großem wissenschaftlichen Werte. Denn er hat die ganze umfangreiche Literatur über den Gegenstand wirklich gründlich verarbeitet und durch eigene an Ort und Stelle angestellten Untersuchungen ergänzt und hat es vorzüglich verstanden, von der so verwickelten Geschichte des Rheinsystems ein klares Bild zu entwerfen. Es würde über den Rahmen dieses Berichtes hinausgehen, wenn ich versuchen wollte, den Inhalt des gesamten Buches auch nur in rohen Umrissen wieder zu geben. Ich möchte nur auf die Kapitel hinweisen, die für uns hier besonders in Betracht kommen. Es sind dies hauptsächlich Kap. VI des 1. und Kap. I des 2. Teils. Zu ersterem schildert Verf. den westöstlich gerichteten Lauf des Rheines durch den Sundgau und seinen Abfluß zum Doubs in der Oberpliozän-Zeit, dann das allmähliche Umschwenken in die Süd-Nord-Richtung infolge der fortschreitenden Senkung der Oberrheinischen Tiefebene, indem er zunächst dem jetzigen Tal der Larg, dann dem der Birsig und Ill folgte. Gerade in diesem Kapitel sind auch viele eigene Beobachtungen des Verf. enthalten. Im I. Kap. des 2. Teils werden die Veränderungen des Rheinlaufs innerhalb der Oberrheinischen Tiefebene in postglazialer und historischer Zeit besprochen.

Das Verhalten der Rheintemperaturen in den Jahren 1895 bis 1900 untersuchte A. Stolberg[158]) nach den Aufzeichnungen der Stationen Hüningen, Altbreisach, Kehl und Lauterburg.

O. Bok[159]) suchte die Beziehungen zwischen Abfluß und Niederschlag des Breuschgebietes festzustellen. Da das Breuschtal die Grenze zwischen den krystallinischen und Sandstein-Vogesen bildet, so nimmt die Breusch in ihren Abflußverhältnissen eine Mittelstellung zwischen den Flüssen der Südvogesen und denen der Nordvogesen und Hardt ein. Mit den südlichen hat sie den raschen Verlauf ihrer Hochfluten gemein, während sie mit

[157]) Études sur l'évolution du Rhin et du système hydrographique Rhénan. Paris 1907.

[158]) Meteorologische Zeitschr. 1902. S. 548—551.

[159]) Die Breusch. Straßb. Dissert. Gebweiler 1900.

den nördlichen Flüssen den Vorzug gemein hat, daß sie auch in trockener Jahreszeit noch reichlich Wasser führt. Nach Besprechung dieser allgemeinen Verhältnisse des Breuschgebiets behandelt B. die Niederschlagsverhältnisse, die Wasserstandsbewegung, die Beziehungen zwischen Niederschlag und Abfluß, den Abfluß-Verlauf der Hochwasser. Aus den Ergebnissen seiner Arbeit heben wir folgende hervor:

1. Die größte Niederschlagswahrscheinlichkeit ist in den Monaten Oktober bis Dezember und in den Sommermonaten Juni und Juli, die geringste im April, August und September.

2. Die stärkste Wasserlieferung der Breusch findet im Winterhalbjahre statt, die schwächste im Juli, August, September.

3. Größere Niederschläge im Gebirge bedingen innerhalb 24 Stunden den höchsten Stand am Pegel zu Wolxheim.

4. Die Wasser brauchen zu dem Wege aus dem Gebirge nach Wolxheim im Durchschnitt 18 Stunden, zu dem Wege Wolxheim-Eckbolsheim 12 Stunden.

5. Die Gesamtdauer einer Anschwellung an einer Stelle des Unterlaufs umfaßt gewöhnlich 3—5 Tage.

6. Die Welle einer Hochflut braucht zu dem Wege Wolxheim-Eckbolsheim im Durchschnitt 9 Stunden.

7. Die Niederschläge in der Ebene üben in den meisten Fällen keinen Einfluß auf den Wasserstand aus, da sie ganz vom Boden aufgenommen werden.

8. Aus dem Buntsandsteine und Muschelkalkgebiete sind nur stärkere Niederschläge sofort am Wasserstande bemerkbar.

Ein Werk von R. de Félice[160]) über die Etymologie der französischen Flußnamen erwähnen wir hier, da auch die Namen einiger Flüsse Lothringens darin behandelt sind.

Mit der Entstehung der Seen und Weiher im Sundgauer Hügellande beschäftigt sich eine Arbeit von G. Klähn[161]). Diese Weiher, die in großer Zahl im Sundgau auftreten, finden sich selten vereinzelt, fast immer sind sie in größerer Zahl bei einander und zwar liegen die benachbarten in einer Reihe angeordnet in ein und derselben Depression. An dem einen Ende jedes Weihers finden sich stets Riegel, die zum Teil künstlich, zum Teil aber natürliche breite Schwellen sind, die durch das

[160]) Essai sur l'onomastique des rivières de France. Paris 1906.

[161]) Die Seen (Weiher) im Sundgauer Hügellande. Beitr. zur Geophys. Bd. VI, 1902, S. 42—65.

abfließende Wasser durchnagt sind. Die Tiefe der Weiher ist sehr gering, überschreitet 2 m kaum. Die größte Tiefe findet sich stets in der Nähe der Riegelmitte. Der Verf. denkt sich die Seebecken als Schottereinsenkungen, herbeigeführt durch eine in dem leichten Meeressand stattgehabte starke unterirdische Erosion seitens der atmosphärischen Niederschläge, welche durch den das Wasser außerordentlich leicht durchlassenden Schotter hindurchgeflossen sind. Die Schotter sind gegenwärtig größtenteils von einer für Wasser fast undurchlässigen Lehmschicht bedeckt, infolgedessen mußten sich die Einsenkungen mit Wasser füllen.

Einen ganz anderen Charakter haben die Weiher der Lothringischen Hochebene. Sie sind zwar auch flach (größte Tiefe etwa 6 m), aber z. T. von beträchtlicher Ausdehnung und vielfach verzweigt. Die einzelnen Verzweigungen fallen aber mit Talrichtungen zusammen. Die Abschlüsse der Weiher sind nach L. van Werveke[162]) sämtlich künstlich. Daß aber hier die Möglichkeit zur Aufstauung von Weihern gegeben war, erklärt v. W. dadurch, daß die Gewässer in der weichen Lettenkohle und dem Salzkeuper, welche den Untergrund der Weiher bilden, breite Täler auswaschen konnten, während in der vorliegenden Barre härteren Gesteins (Muschelkalk oder Keupersandstein) sie nur schmale Rinnen einzugraben vermochten.

7. Klimatologie,

von R. Langenbeck.

Die Grundlage für die Kenntnis des Klimas von Elsaß-Lothringen bilden die Veröffentlichungen des meteorologischen Landesdienstes, welche von dessen Direktor H. Hergesell seit 1892 herausgegeben werden.[163]) Es bestehen in Elsaß-Lothringen folgende meteorologische Stationen (1.—3. Ordnung):

1. Straßburg, Universität (Ill)
2. Straßburg, Münsterplattform (Ill)
3. Mülhausen (Ill)

---

[162]) Die Entstehung der lothringischen Weiher. Mitt. der philomat. Gesellsch. 1903. S. 98—106.

[163]) Deutsches meteorologisches Jahrbuch. Elsaß-Lothringen. Straßburg seit 1892.

4. Großer Belchen (zwischen Thur und Lauch)
5. Wildenstein (Thur)
6. Colmar (Ill)
7. Drei Ähren, seit 1902, Forsthaus Obschel (Fecht)
8. Münster (Fecht); Weißer See, seit 1902 eingegangen
9. Forsthaus Melkerei am Hochfeld (Andlaubach)
10. Rothau (Breusch)
11. Gondrexange (Weiher)
12. Eichhoff (Seille)
13. Neumatt (Eichel-Saar)
14. Saargemünd (Saar)
15. Metz (Mosel)

außerdem noch 49 über das ganze Land gleichmäßig verteilte Regenstationen.

Jede der Veröffentlichungen enthält die geographische Lage der Stationen, die Einzelbeobachtungen der Stationen Straßburg (Universität und Münsterplattform), Mülhausen und Großer Belchen, die Monatsresultate der Stationen 1.—3. Ordnung und der Regenstationen, die Ergebnisse der Regen- und Sonnenscheinregistrierung zu Straßburg, die Stundenmittel des Luftdrucks, der Windgeschwindigkeit, der Bewölkung und Temperatur zu Straßburg, die Temperaturdifferenzen zwischen Münsterspitze und Universität, die Pentadenmittel der Temperatur, endlich Übersichten über die Bewölkung, über die wichtigsten Jahresresultate der Stationen 1.—3. Ordnung und der Niederschlagsbeobachtungen. In dem Bericht für 1912 gab außerdem E. Kleinschmidt eine Zusammenstellung der Niederschlagsmengen in Elsaß-Lothringen während der letzten Jahrzehnte.

Mit der Klimatologie des Großen Belchen beschäftigen sich zwei Arbeiten von Wirz.[164]) Wir geben hier einige der wichtigsten Ergebnisse wieder, obgleich diese noch nicht als endgültig angesehen werden können, da dem Verfasser nur ein Beobachtungsmaterial vor wenigen Jahren zur Verfügung stand. Als mittlere Jahrestemperatur ergab sich + 3°, als mittlere Temperatur des kältesten Monats (Januar) — 6,5°, des heißesten (August) + 11,1°. Die aperiodische tägliche Wärme-

[164]) Beiträge zur Klimatologie des Großen Belchen. Beilage zum Programm des Gymnasiums zu Gebweiler 1899. Das Klima des Großen Belchen. Mitt. der philomath. Gesellsch. III. 1903. S. 45—57.

schwankung, d. h. die Differenz aus den Mitteln der Maximal- und Minimaltemperaturen, beträgt für den Belchen im Jahresmittel 5,5°, für die Fußstation Mülhausen dagegen 8,7°. Die tägliche Wärmeschwankung nimmt also mit der Erhebung ab und zwar um 0,3° für je 100 m Erhebung. Auch die periodische Jahresschwankung (Differenz der höchsten und niedrigsten Temperatur eines Jahres) ist für den Belchen geringer als für die Talstationen. Der Verlauf der Unterschiede der Temperaturen auf dem Belchen und den Talstationen ist ein periodischer mit einem Maximum im Sommer und deutlich ausgeprägtem Minimum im Winter. Die höheren Berglagen sind also im Mittel im Winter verhältnismäßig wärmer als im Sommer. Das erklärt sich aus der im Winter bei Hochdruck häufig auftretenden Temperaturumkehr, bei welcher die Höhen im herrlichsten Sonnenschein sich einer fast sommerlichen Temperatur erfreuen, während die Talsohlen und Niederungen bei niederer Temperatur im dichten Nebel lagern. Die absoluten Minima für die ganze Beobachtungsperiode betrugen für den Belchen — 25,6°, für Mülhausen — 22,3°, also nur ein Unterschied von 3,3°. Die frostfreie Zeit dagegen umfaßt auf dem Belchen nur etwa 3½ Monat im Durchschnitt. Die größte Zahl von heiteren Tagen (Bewölkung unter 2) haben auf dem Belchen die Monate Dezember und Februar, die geringste der Mai, die größte Zahl von trüben Tagen (Bewölkung über 8) die Monate März und November, die geringste Juli und August. Die Niederschlagshöhe des Belchen beträgt 2056 mm, die von Gebweiler nur 768 mm im Jahr; auf der Höhe fällt also fast der dreifache Niederschlag wie im Tal.

O. Bok[165]) stellte Verdunstungsmessungen und Untersuchungen über die Verdunstungshöhen an den forstlich-meteorologischen Stationen in Elsaß-Lothringen an. Es sind dies die drei Stationen Hagenau (Höhe 152 m über dem Meere), Neumatt (Höhe 353 m) und Forsthaus Melkerei (Höhe 935 m), von denen jede in eine Feld- und eine Waldstation zerfällt. Der Verfasser gelangte zu folgenden Ergebnissen:

1. Im Felde steigt die Verdunstung stark vom Januar zum April und fällt stetig vom August bis Dezember. Die stärkste Verdunstung ist vom April bis August.

---

[165]) Beiträge zur Geophysik. Bd. VI. 1903. S. 1—16.

2. Im Walde steigt die Verdunstungsmenge bis zum April, erreicht hier das Maximum und fällt hierauf allmählich bis zum Dezember.
3. Im Felde ist die Verdunstung größer als im Walde. Auf der Waldstation Hagenau verdunstet 59%, auf der Waldstation Melkerei 50,8% weniger als auf der entsprechenden Feldstation.
4. Die Maximaldifferenz zwischen Verdunstung im Felde und im Walde fällt auf den Juli.
5. Die Verdunstungsgrößen sind abhängig von der Lufttemperatur, der relativen Feuchtigkeit und der Bewölkung.
6. Auf dem Felde erhöht sich die Verdunstung in den Sommermonaten, trotz der Erhöhung der relativen Feuchtigkeit, im Walde vermindert sie sich mit der Erhöhung der relativen Feuchtigkeit.

W. Krebs[166]) machte sehr interessante Beobachtungen über bora- und fumareaähnliche Erscheinungen auf dem Weißen See in den Hochvogesen. Am 3. August 1903 bei starkem Südwestwind stürzten solche boraartige Fallwinde von dem 218 m höher als der Seespiegel gelegenen Hauptkamm der Vogesen durch eine Einsattelung der Südwestecke des Sees auf diesen herab. Die Seefläche wurde von ihnen stark bewegt und brandete wie kochendes Wasser nach allen Seiten, vom Südostufer bis 1,20 m hoch. Die von der Bora gebrachte Luft war auffallend kalt. Von einzelnen besonders heftigen Windstößen wurde das Wasser in Gestalt weißer Nebelsäulen bis 30 oder 40 m Höhe erhoben, die mit der Fumarea des Adriatischen Meeres verglichen werden können. Sie zeigten zuweilen eine wirbelförmige Bewegung. W. Krebs[167]) machte auch Mitteilungen über einen Staubfall bei Münster im Ober-Elsaß am 22. Februar 1903.

---

[166]) Anm. d. Hydrographie u. marit. Meteorologie 1903. S. 461 f. u. Globus. Bd. 85. 1904. S. 15.

[167]) Anm. d. Hydr. u. marit. Meteorol. 1903. S. 462 f.

Was leistete die Kolonialgesellschaft 1911?

von B. Herold.

Die Hauptversammlung der Deutschen Kolonialgesellschaft im November 1910 in Elberfeld rechnete nach dem Voranschlage für 1911 mit einer Jahreseinnahme von 330 300 Mk., die planmäßig wie folgt verwandt wurden:

1.	Hauptversammlung, Vorstands- u. Ausschußsitzungen	19 500	Mk.
2.	Verwaltung	32 560	„
3.	Veröffentlichungen der Gesellschaft	106 060	„
4.	Werbung	30 000	„
5.	Bücherei	3 500	„
6.	Geschäftsräume	24 800	„
7.	Verschiedenes	12 470	„
8.	Dispositionsfonds des Präsidenten	3 000	„
9.	Zentralauskunftsstelle für Auswanderer	45 000	„
10.	Für sonstige koloniale Zwecke	56 300	„
		330 300	Mk.

Es wurde in Elberfeld beschlossen für sonstige koloniale Zwecke zu bewilligen:

a) der Deutschen Kolonialschule in Witzenhausen eine jährliche Beihülfe von 3000 Mk.;

b) für den ostafrikanischen Besiedlungsfonds der Deutschen Kolonialgesellschaft 20 000 Mk.

c) für die Sonderexpedition von Dr. Mildbread und Dr. Schultze nach Südkamerun 30 000 Mk.

d) für das Deutsche Institut für ärztliche Mission in Stuttgart 1000 Mk.

Die Hauptversammlung in Stuttgart im Juni 1911 bewilligte für eine nach dem Kaiserin-Augusta-Fluß zu entsendende Expedition 60 000 Mk., zahlbar in 2 Jahresraten unter näheren mit dem Reichskolonialamt vereinbarten Bedingungen, ferner für eine Forschungsreise nach Kamerun, unter Leitung des Prof. Thorbecke, eine Summe von 20000 Mk. in 2 Jahresraten unter der Voraussetzung, daß sie den Namen „Forschungsreise der Kolonialgesellschaft nach Kamerun“ erhält und weiter für die Sammlung zur Errichtung einer deutsch-chinesischen Mädchenschule in Tsingtau 5000 Mk.

Am 25. Oktober 1911 hat die „Forschungsreise der Deutschen Kolonialgesellschaft nach Kamerun“ mit dem Dampfer „Alexandra Wörmann“ ihre Ausreise von Hamburg angetreten.

Eigene großzügige Unternehmungen hat die Gesellschaft im Jahre 1911 nicht unternommen, es ist aber in Aussicht genommen, künftig die für die Wohlfahrt der Schutzgebiete verfügbaren Mittel der Deutschen Kolonialgesellschaft für eigene großzügige Unternehmungen der Kolonialgesellschaft gemäß § 1 der Satzungen bereit zu stellen.

Die Kolonialgesellschaft wird alsdann auf eigene Leistungen hinweisen können und darin ein vorzügliches Mittel gewinnen, um in weitesten Kreisen bekannt zu werden und besser vorwärts kommen als durch die bisherige Unterstützung aller möglichen wissenschaftlichen und wirtschaftlichen Unternehmungen fremder Flagge. Mitte der 80er Jahre war es die Kolonialgesellschaft, welche die erste Schiffsverbindung nach Deutsch-Südwestafrika durch Charterung eines eigenen Dampfers ins Leben rief, bis die Wörmann-Linie den Schiffsverkehr nach Südwest aufnahm. Mit dieser Tat ist der Name des damaligen Generalsekretärs der Gesellschaft Dr. Bokemeyer für alle Zeiten eng und rühmlich verknüpft!

Die Zentralauskunftsstelle für Auswanderer in Berlin W 35, am Karlsbad 10, erteilt kostenlos mündlich und schriftlich Auskunft. So im dritten Vierteljahr d. J. in 4277 Fällen und zwar in 3396 Fällen schriftlich und in 881 Fällen mündlich. Der im Jahre 1913 in Straßburg i. E. geplanten landwirtschaftlichen Wanderausstellung wird die Deutsche Kolonialgesellschaft eine kolonialwirtschaftliche Ausstellung angliedern.

Das Jahr 1911 bot der Kolonialgesellschaft anläßlich der Verhandlungen, die dem Marokko- und Kongoabkommen voraus gingen, Gelegenheit, im Sinne des § 1 der Satzungen „die Klärung und öffentliche Vertretung der kolonialen und überseeischen Interessen der deutschen Nation“ zu übernehmen und „in Zeiten wichtiger Entscheidungen in solchem Sinne zu wirken“.

Wiederholt hat die Kolonialgesellschaft öffentlich in der Kolonial-Zeitung und in Sonderblättern kund gegeben: „wenn Ostmarokko für die Dauer und endgültig dem französischen Einflusse anheimfällt, wird über Kompensationen territorialer Art auf anderen Gebieten nur geredet werden können, wenn deren Wert demjenigen entspricht, den Ostmarokko für Frankreich hat“.

Die berechtigten Wünsche der Kolonialgesellschaft sind beim Abschluß des Marokko- und Kongoabkommens nicht berücksichtigt geblieben.

Die Abtretung eines anerkannt wirtschaftlich wertvollen Teiles von Kamerun zwischen Schari und Logone verstimmte. Von dem territorialen Zuwachs aber wird auch ein Kolonialoptimist nicht behaupten können daß er die schönste Blume im kolonialen Kranze Deutschlands sei.

Um in der Folge die Preisgabe deutschen Kolonialbesitzes zu verhindern, sollte die auf den 21. November 1911 nach Berlin einberufene Vorstandssitzung beschließen, daß eine Abtretung deutschen Kolonialbesitzes in Zukunft nur auf Grund eines Reichsgesetzes zulässig sei.

Da der Reichstag jedoch schon vor diesem Datum in diesem Sinne einen Beschluß gefaßt hatte, konnte die Vorstandssitzung vom 21. November 1911 nur noch ihre hohe Befriedigung über die Zweckmäßigkeit und Unerläßlichkeit des beschlossenen Verfahrens aussprechen.

Die vier Stunden währenden Besprechungen des Marokkoabkommens ergaben folgende, mit allen gegen zwei Stimmen angenommene Entschließung:

„I. Die Deutsche Kolonialgesellschaft spricht ihr Bedauern darüber aus, daß ihre berechtigten Wünsche bei dem Marokko-Kongovertrag nicht berücksichtigt sind; sie stellt sich aber nun, nachdem das Abkommen abgeschlossen ist, auf den Boden der Tatsachen und spricht daher die Erwartung aus, daß

1. die dem Deutschen Reich durch das deutsch-französische Abkommen zugesicherten Rechte in vollem Umfange und mit allem Nachdruck gewahrt bleiben,
2. der Grundsatz der freien und unbehinderten Schiffahrt in dem Stromgebiet des Kongo und des Niger nunmehr zur vollen Durchführung gelangt,
3. die erforderlichen Maßnahmen zur Wahrung einer wirk-

lichen Handelsfreiheit im Gebiet der freien Handelszone in die Wege geleitet werden,

4. bei der endgültigen Festlegung der neuen Grenzen von wirtschaftlichen und verwaltungstechnischen Grundsätzen ausgegangen wird. Besonders muß gefordert werden, daß wir mit unserem Gebiet den Ubanghi an einer für große Schiffe dauernd befahrbaren Stelle erreichen."

Durch das mannhafte Eintreten für eine nationale Kolonialpolitik hat die Deutsche Kolonialgesellschaft an Ansehen und Volkstümlichkeit im ganzen Reiche gewonnen. Die Kolonialgesellschaft stand bei diesen wichtigen Entscheidungen stets auf der Höhe ihrer Aufgabe und hat satzungsmäßig das überseeische Interesse der deutschen Nation tatkräftig vertreten.

Jahresbericht

erstattet vom 1. Schriftführer.

1. Vorgänge in der Gesellschaft.

Die Mitgliederzahl der Gesellschaft für Erdkunde und Kolonialwesen hat sich leider nicht ganz auf der Höhe gehalten, die sie im Jahre 1910 erreicht hatte. Denn während sie am 1. Januar 1911 487 betrug, ist sie am 1. Januar 1912 auf 472 herabgesunken. Neu hinzugetreten sind 59 (gegen 132 im Vorjahre), ausgeschieden 74 (gegen 68 im Vorjahre). Von den 472 Mitgliedern gehören 284 der Deutschen Kolonialgesellschaft an.

Die Generalversammlung fand am 17. Januar statt. Der 1. Vorsitzende, Herr General Auler, eröffnete sie mit einem Rückblick auf die Tätigkeit der Gesellschaft im abgelaufenen Vereinsjahr. Dann wurde dem Schatzmeister, dessen Kassenbericht von zwei Herren geprüft und für richtig befunden worden war, Entlastung erteilt und der Antrag des Vorstandes, die „Mitteilungen der Gesellschaft für Erdkunde und Kolonialwesen" alljährlich erscheinen zu lassen, von der Versammlung angenommen. Zum Schlusse wurden die satzungsgemäß ausscheidenden Vorstandsmitglieder durch Zuruf wiedergewählt.

An der Feier des 50jährigen Bestehens der Gesellschaft für Erdkunde zu Leipzig am 1. März 1911, zu der eine Einladung erfolgt war, beteiligte sich unsere Gesellschaft durch Übersendung einer Glückwunschadresse, auf der Hauptversammlung der Deutschen Kolonialgesellschaft, die in der Pfingstwoche in Stuttgart tagte, war sie durch ein Mitglied des Vorstandes vertreten.

Aus dem Vorstande schieden im Laufe des Jahres aus die Herren General Falcke und Major Liebster. An Stelle des letzteren, der in dankenswerter Weise das Amt des zweiten

Schriftführers versehen hatte, wurde Herr Hauptmann Hager in den Vorstand gewählt. Außerdem traten durch Zuwahl in den Vorstand ein die Herren Geh. Rat Prof. Dr. Wolfram, Direktor der Universitäts- und Landesbibliothek, Oberbibliothekar Prof. Dr. Marckwald und Oberlehrer Prof. Dr. Weigand, deren Mitwirkung im Hinblick auf die weitere Ausgestaltung unserer Publikation wünschenswert erschien. Denn hierauf richtete sich die Haupttätigkeit des Vorstandes während des letzten Jahres. Als Gesellschaft für Erdkunde glauben wir durch unsere Veröffentlichungen das geographische Interesse im allgemeinen wecken und fördern, als Abteilung der Deutschen Kolonialgesellschaft unsere Mitglieder speziell mit den kolonialen Fragen bekannt machen zu sollen. Diesem doppelten Charakter unserer Gesellschaft Rechnung tragend, hat der Vorstand beschlossen, eine geographische Abhandlung, womöglich aus dem Gebiete der elsaß-lothringischen Landeskunde, und eine koloniale alljährlich miteinander abwechseln zu lassen. Ferner erschien es wünschenswert, für die zerstreute Literatur über elsaß-lothringische Landeskunde eine Sammelstelle zu schaffen, die einen Überblick über alle Veröffentlichungen auf diesem Gebiete gestattet. Auch dieser Aufgabe wollen wir uns jetzt unterziehen, und so erscheint im vorliegenden Hefte zum erstenmal ein zusammenhängender Literaturbericht. Auf diese Erweiterung unserer „Mitteilungen“ gründet sich die Hoffnung, in einen lebhafteren und ausgedehnteren Schriftenaustausch mit anderen geographischen und verwandten Gesellschaften treten zu können. Da wir aber aus Mangel an einem geeigneten Raum auf die Anlegung einer eigenen Bücherei verzichten müssen, so sind wir gern auf ein Anerbieten der Kaiserlichen Universitäts- und Landesbibliothek eingegangen, demzufolge alle der Gesellschaft zugehenden oder durch Austausch erworbenen Zeitschriften gegen Zahlung einer bestimmten Summe in den Besitz der genannten Bibliothek übergehen sollen, wogegen diese sich verpflichtet, die Zeitschriften binden zu lassen und einen allen Mitgliedern zugänglichen Sonderkatalog der von der Gesellschaft herrührenden Eingänge anzulegen sowie die unentgeltliche Absendung unserer „Mitteilungen“ an die auswärtigen Gesellschaften zu übernehmen. Durch diese Abmachung wird ein großer Teil der Mehrkosten, die der Literaturbericht verursacht, gedeckt werden können.

Über die ausnahmslos sehr interessanten Vorträge, die uns das vergangene Jahr brachte, soll weiter unten berichtet werden. An dieser Stelle sei aber noch zweier Neuerungen gedacht, die schon im letzten Jahr in Aussicht gestellt waren. Die erste war ein Herrenabend, der am 9. Mai im kleinen Saale des Zivilkasinos abgehalten wurde und an dem Herr Privatdozent Dr. Ernst H. L. Krause einen Vortrag über „Pflanzenwanderungen längs der Ill, des Rheines und der Eisenbahn" hielt. Der äußerst anregende und sehr beifällig aufgenommene Vortrag, für den dem Redner auch hier herzlichst gedankt sei, ist S. 37—44 dieses Heftes abgedruckt und gelangt auf diese Weise auch zur Kenntnis der vielen Mitglieder, die diesen Abend versäumt haben, denn leider war die Zahl der Besucher sehr gering.

Die zweite Neuerung war ein Ausflug, den wir am 23. Juli in die Vogesen machten, um dort keltische Siedelungen und Begräbnisstätten in Augenschein zu nehmen. Die Führung hatte in liebenswürdigster Weise Herr Gymnasialdirektor Dr. Reusch-Saarburg übernommen, dem dafür herzlicher Dank gebührt. Denn es war keine Kleinigkeit, eine Schaar von 45 Personen beiderlei Geschlechts bei einer fast tropischen Hitze von mehr als 34° im Schatten — es war einer der heißesten Tage des ganzen Sommers — über Berg und Tal, auf schattigen Waldpfaden, aber auch auf sonnendurchglühter Straße ans Ziel zu führen und dabei noch eingehende Aufklärungen über die vielen Funde zu geben. Die Fußwanderung begann in Lützelburg.[1]) Im Walde hinter Hültenhausen zeigten sich die ersten Spuren keltischer Siedelungen: Langrotteln, das heißt lange, gerade Reihen von zusammengeworfenen Steinen, Rundrotteln, das heißt runde Steinhaufen, und Terrassen mit Böschungen aus bloßer Erde oder aus Erde mit Steinen. Die Terrassen wurden, wie heute noch, an Abhängen angelegt, um leicht pflügbare, möglichst wagerechte Flächen zu gewinnen. Die Steine wurden von den Äckern abgeräumt und zur Anlage der Böschung benutzt oder am Kopfende des Ackers in gerader Richtung und senkrecht zur Bergeshöhe zusammengeworfen. Oft haben sie wohl auch zur Einfriedigung des

[1]) Die folgende Schilderung ist der „Straßburger Post" (Mitteilungen aus den Vogesen Nr. 24) entnommen.

Eigentums gedient, wie heute noch häufig in den Bergdörfern. Die runden Rotteln sind ähnlich entstanden, aber wahrscheinlich nicht um Ackerland steinfrei zu bekommen, sondern um Weiden oder Wiesen, allenfalls Hackland zu bekommen. Unterhalb des Ackergeländes fanden sich die Reste der Fundamente eines keltischen Hauses. Die Mauer von etwa 1,20 m Dicke, ohne Mörtel aufgeführt, war an einer Stelle noch wohl zu erkennen. Diese mörtellosen Mauern können nicht sehr hoch gewesen sein. Man muß also annehmen, daß sich auf diesen Mauern ein Holzbau erhob.

Der „Kessel“, zu dem wir sodann gelangten, bot ein interessantes Bild. Wie wenn ein Riese dort seinen Stab in den Boden gesteckt und spielend gedreht hätte, daß ein Trichter entstand, so neigen sich die Wände vom hohen, breiten Rande regelmäßig bis zur tiefen engen Talsohle. Nur nach Norden hat der Ehrenbach die Wand zerrissen und sein Bett in schroffen Buntsandstein gelegt. Am südlichen, oberen Rande des Trichters entspringt die starke Quelle des Baches, in deren Nähe die Reliefs verschiedener keltischer Gottheiten gefunden wurden: Merkur dreimal, eine Rosmerta und ein Lenus Mars, alle drei Quell- und Heilgötter. Behauene Steine von der Fassung der Quelle liegen mehrere umher. Besonders interessant sind die Fundamentmauern von zwei Gebäuden aus keltischer Zeit, welche etwa 100 m von der Quelle entfernt liegen. Beide haben die Form eines Rechtecks und sind ohne Mörtel aufgeführt; aber die Steine sind alle gut behauen, besonders verschiedene Reste von mächtigen Türgewänden. Es ist sehr wahrscheinlich, daß die Quelle in keltischer Zeit als heilkräftig galt und daß dort ein Tempel gestanden hat. Auf der höchsten Höhe des Kessels nach Süden zu traf man wieder Rund- und Langrotteln in unzähliger Menge, dann aber in der Richtung nach dem Kreuzkopf die Reste von mehreren keltischen Häusern, einen Weg, der von Mauern eingefaßt war, und einen keltischen Friedhof. — Die Häuser auf diesem Höhenzuge lagen 100—150 m von einander und zeigten rechteckigen, fast quadratischen Grundriß, natürlich auch ohne Mörtel. — Der Weg, welcher bei den Umwohnern „Römerweg“ heißt (verschiedene Archäologen nennen ihn „Kuhweg“), ist 3—4 m breit; die Mauern der beiden Seiten sind je 1,20—1,50 m breit und an einzelnen Stellen noch einen Meter hoch. — Der

Friedhof zeigte mehrere Reste von Hausgrabsteinen und Grabsteinplatten, alle mehr oder weniger zerschlagen. Einigen Teilnehmern glückte es, einen fast unbeschädigten, moosbedeckten Hausgrabstein zu finden und aufzurichten.

Vom Kreuzkopf ging die Wanderung durch das Eselstal (so auf den Karten fälschlich für „Häseltal") nach Sparsbrod. Wegen der außergewöhnlichen Hitze konnte der Heyerstein mit seinen hochinteressanten Siedelungen und dem großen keltischen Friedhof nicht erstiegen werden. Darum wurde der kürzeste Weg nach dem Forsthaus Rehtal und den Föschen eingeschlagen. (Richtiger wäre Fäschen = Holzbündel, Reisigwellen; zu lateinisch: fascia, italienisch: fascina, deutsch: Faschine.) In den Föschen wurde zunächst der keltische Friedhof besichtigt, wo die Ortsgruppe Saarburg vier keltische Gräber ausgegraben hatte. Nach der Menge von behauenen, aber zerschlagenen Steinen, die zu Hunderten noch herumliegen, ist es offensichtlich, daß auch dieser Friedhof, wie die meisten anderen, schon in früheren Zeiten arg geplündert worden ist. Daß die Steine zur Erbauung der Häuser beim Forsthaus Rehtal zum großen Teil von dort geholt wurden, steht fest. Nur zwei Gräber waren unversehrt. Das eine Grab enthielt bloß 60—80 Töpfchen, welche auf- und nebeneinander gestellt waren, zum Teil gewöhnliche Ware aus rötlichem Ton, zum Teil gute terra sigillata des 2. oder 3. Jahrhunderts n. Chr. Alle waren gefüllt mit verbrannten Knochenresten, Asche, Kohlen und Erde. Der größte Topf in der Mitte enthielt außerdem eine blau und weiß emaillierte Brosche, einen eisernen Nagel und die Reste eines Messers. Die Gräber Nr. 2 und Nr. 3 waren schon früher durchwühlt worden; man fand aber Bruchstücke von Grabreliefs, zum Teil primitive, zum Teil gute Arbeit. Grab Nr. 4 enthielt einen großen, runden Urnenstein mit Glasurne voll Knochenresten nebst einer blau-weiß emaillierten Brosche. Rings um den Urnenstein standen Töpfe usw., wie bei Grab Nr. 1. Dabei lag ein Eisenbarren, der 5,5 kg wog. Die Fundamente eines Gebäudes waren erst zum Teil bloßgelegt. Etwa 400 m davon lag ein großer keltischer Gutshof. Die Umfassungsmauer bildete fast ein Quadrat von etwa 80 m Seitenlänge. Die Einfahrt war noch wohl zu erkennen. In geringer, gleichmäßiger Entfernung von dieser Umfassungsmauer lagen im Innern die Reste von 12 Gebäuden, wie es schien von rechteckiger Form und gleichmäßig an den vier Seiten verteilt. Ein größeres Gebäude lag genau in der Mitte des Ganzen. Die übrigen Friedhöfe in den Föschen konnten nicht mehr besichtigt werden; hatte sich doch der Marsch trotz der Abkürzung bis etwa halb vier Uhr nachmittags ausgedehnt. — Nachdem sich in Vallerysthal die ermüdeten Menschen durch einen guten Trunk und Bissen wieder einigermaßen gestärkt hatten, nahm Dr. Reusch das Wort zu einem hochinteressanten Vortrag, in dem er manche Schlüsse aus alle dem zog, was er während der Wanderung gezeigt hatte. Er führte etwa folgendes aus:

Wie in dem durchwanderten Gebiet, so finden sich die Spuren keltischer Besiedelung: Terrassen, Lang- und Rundrotteln, Trockenmauern als Einfassung von Wegen usw. und als Fundamente von Häusern usw., besonders aber die charakteristischen Friedhöfe überall auf den jetzt bewaldeten Vogesenbergen, soweit sie nicht über 600 m hoch sind und die Oberfläche nicht unfruchtbare Kiesablagerung ist. Bis jetzt sind abgesucht die sämtlichen Bergwälder von der französischen Grenze bei Lascemborn-Rougemont bis an die Grenze des Kreises hinter Pfalzburg. Es gibt im Kreise Saarburg nur sehr wenig Bergwaldungen, in denen keine Siedelungen gefunden wurden. Aber auch die Waldungen der Hochebene zeigen vielfach dieselben Spuren. Bis jetzt sind von letzteren nur die Waldungen in der Nähe Saarburgs untersucht worden. Der Befund jenseits der Kreisgrenzen, sowohl in Frankreich, als in den Kreisen Zabern und Saargemünd ist derselbe. Auf welche Zeit und welches Volk gehen diese Siedelungen zurück? Die Grabsteine, welche stets in der Nähe solcher Siedelungen gefunden werden, besonders die mit Inschriften, beweisen, daß die damaligen Bewohner Kelten waren, und zwar der Stamm der Mediomatriker, deren Hauptort Divodurum (= Metz) war. Bei den Mediomatrikern war es Sitte, dem Toten über seiner Asche ein Haus zu setzen, in welchem die Seele ein- und ausging, ein verkleinertes Abbild des Hauses, welches der Mensch im Leben bewohnt hatte. Aus der Form des Grabhauses oder Hausgrabsteines kann man demnach auf die Form des keltischen Hauses schließen. Es ist nun natürlich, daß das Grabhaus der Reichen anders ausgesehen hat als das der Armen. Vermutlich bestand letzteres nur aus Holzstäben mit Flechtwerk, Moos und dergleichen. (Siehe die heutigen Friedhöfe.) Es ist auch natürlich, daß sich die Mode geändert hat. In älteren Zeiten hat man allgemein Holz verwandt, dann Steine, welche zunächst nur roh behauen waren und nur ungefähr die Form eines Daches oder einer Hütte zeigten. Die gut gearbeiteten Hausgrabsteine mit und ohne Inschriften stammen sicher erst aus römischer Zeit. Noch später entstand (in Anlehnung an römische Muster) die Form der Grabsteinplatte mit Reliefs und Inschriften, welche nur noch als oberen Abschluß einen Giebel zeigen. Vielfach ist aber die alte Erinnerung an das Grabhaus gar nicht mehr zum Ausdruck gekommen, sondern durch rein römische Motive ersetzt worden. So haben die Kelten ja auch allmählich ihre Sprache vergessen und die römische angenommen.

Wie fügen sich nun diese Funde in die Geschichte ein? Von den Kelten nimmt man an, sie seien gegen 500 vor Christus in unsere Gegend als Nomaden eingewandert und seien später Ackerbauer geworden mit festen Siedelungen. Als die Römer das Land erobert hatten, ließen sie dem Volke der Kelten, von ihnen Gallier genannt, die größtmögliche Freiheit. Besonders die Besitzverhältnisse und Lebensgewohnheiten blieben unangetastet. Auch werden sich wohl nur selten eigentliche Römer dauernd in Gallien angesiedelt haben. Das Volk genoß dann ungefähr 400 Jahre lang einen fast ununterbrochenen Frieden und hat sich dementsprechend vermehrt. Natürlich waren die fruchtbaren Täler und Ebenen mehr besiedelt, als die weniger fruchtbaren Höhen. Wenn sich aber in den Tälern weniger Spuren der bekannten Siedelungen und Friedhöfe finden, so ist das darauf zurückzuführen, daß die Täler später besonders stark besiedelt waren, daß der intensivere Ackerbau die Spuren verwischt hat. Vereinzelt sind aber auch in den Niederungen Hausgrabsteine der Mediomatriker gefunden worden, ebenso Terrassen, Rund- und Langrotteln usw. (Vgl. Keune im Jahrbuch für lothringische Geschichte XV (1903) Seite 371 ff.) Hier ist auch folgendes heranzuziehen. In vorrömischer und frührömischer Zeit wohnten die Mediomatriker der Ebene in Hütten über Erdgruben. (Vgl. Wichmann im Jahrbuch XV (1903) Seite 218 ff.) Die Maren sind über ganz Lothringen und weiter verbreitet, sie fehlen ganz oder sind sehr selten im Gebiete des Buntsandsteins (a. a. O. Seite 224). Die Bewohner der Maren und der Siedelungen auf den Bergen waren desselben Stammes. Daher kann man unbedenklich außer der Gemeinschaft der sonstigen Sitten usw. auch eine Gemeinschaft der Wohnungsverhältnisse annehmen. Die Grubenwohnung verbot sich im Buntsandsteingebiet von selbst. Dafür hob man nur die dünne Bodenschicht bis zum gewachsenen Felsen ab, baute aber eine dicke niedrige Mauer, auf welcher dann die Hütte ähnlich errichtet wurde, wie über den Maren. So können uns auch die Bergsiedelungen wohl noch weiteren Aufschluß geben über die Marenwohnungen (a. a. O. Seite 261).

Die naheliegende Frage, woher es kommt, daß diese Siedelungsweise gerade auf den Bergen verhältnismäßig noch so gut erhalten ist, läßt sich leicht beantworten. Als die Germanen in das römische Reich, besonders in Gallien, eindrangen, geschah es anfänglich wohl bloß, um Beute zu machen; später aber zogen ganze Stämme aus, um Acker- und Weideland zu gewinnen und sich dauernd auf dem eroberten Boden niederzulassen. Die frühere Bevölkerung, also die Kelten, mußten weichen oder, wenn sie blieben, ihren neuen Herren fronen. Daß sich die Sieger für ihre Siedelungen (ob Herren- oder Sippensiedelungen) das fruchtbarste Land und die angenehmste Lage aussuchten, d. h. die keltischen Siedelungen in den Tälern, an Wasserläufen, oder auch auf der fruchtbaren Hochebene am Fuße der Vogesen, ist wohl natürlich. Daher ist es denn auch wohl zu erklären, daß in vielen heutigen Dörfern, besonders unter der Kirche, Mauerreste und Dachziegel aus keltisch-römischer Zeit gefunden werden, daß ebenso noch heute viele Einzelhöfe römische, d. h. keltische Fundamentmauern zeigen, überhaupt, daß es in Lothringen so viele Einzelhöfe gibt. (Die Kelten wohnten oft in Einzelhöfen; vgl. Meitzen, Siedelungen. Bis jetzt sind in der Nähe Saarburgs 58 keltische Einzelhöfe, sogenannte römische Villen, festgestellt worden.) Die Germanen waren gewiß viel weniger zahlreich als die Kelten, obwohl diese durch die Eroberungskriege doch stark gelichtet waren. Deshalb scheint es wieder natürlich, daß die weniger fruchtbaren Höhen zum größten Teile unbebaut liegen blieben, sodaß allmählich Wald darüber wuchs, der uns die Reste bis heute bewahrt hat. Einzelne besonders wohlgelegene Höhen wurden aber doch weiter bebaut, z. B. Hültenhausen, Garburg, Haselburg u. a. m.

Den reichen Beifall, den der Vortragende gefunden hatte,

faßte ein Vorstandsmitglied in kurzen, aber herzlichen Worten des Dankes zusammen. Aber noch war das Tagesprogramm nicht erledigt. In Saarburg, wohin der Zug die Teilnehmer gegen 7 Uhr gebracht hatte, zeigte Dr. Reusch noch einen Teil der Funde, die in einer gut geordneten und von ihm geleiteten Sammlung heimischer Altertümer in den letzten Jahren zusammengebracht worden sind. Auch diese Fundamente ergänzten, was man tagsüber gesehen und gehört hatte, und schlossen somit die Linien des hochinteressanten und überaus wichtigen Kulturbildes einer weit zurückgelegenen Zeit der Landesgeschichte.

2. Bericht über die Vorträge.

Der erste Vortrag fand am 17. Januar im Anschluß an die Generalversammlung statt. Der Direktor der Deutschen Togogesellschaft, Herr Fr. Hupfeld, sprach auf Grund langjähriger Erfahrungen in Togo und Kamerun und einer kurz vorher unternommen Studienreise nach Ostafrika über „Plantagenbau in Ost- und Westafrika“.*[1])

Redner definierte „Plantagenbau“ als „die gewerbsmäßige Anpflanzung tropischer und subtropischer Nutzpflanzen auf kapitalistischer Grundlage, also durch einen Unternehmer mit Zuhilfenahme fremder Lohnarbeiter“. Der Gegensatz ist die kleinbäuerliche Eingeborenenkultur. Beide Betriebsarten haben ihre Vorzüge und ihre Nachteile. Der Plantagenbau verlangt ein gewisses Kapital, setzt Verkehrswege voraus, stellt bestimmte Anforderungen an Boden und Klima, ist also in weiten Teilen unserer Kolonien nicht anwendbar; und wo er möglich ist, verlangt er viele Arbeiter, schafft also die Arbeiterfrage. Aber er bietet auch vielen Weißen ein Arbeitsfeld, ermöglicht die Heranziehung und Nutzbarmachung von Eingeborenen wirtschaftlich noch nicht erschlossener Gebiete und wirkt erzieherisch.

In Deutsch-Ostafrika ist der Plantagenbau am weitesten entwickelt: auf 400 Unternehmungen sind 550—600 Weiße und 30—40 000 Schwarze beschäftigt, 50 000 ha sind bereits unter Kultur, 35—40 Millionen Mark investiert, der Ausfuhrwert an Plantagenprodukten betrug 1909 bereits 5 Millionen von 13 Mil-

[1]) Die mit * versehenen Berichte sind Selbstreferate der Vortragenden.

lionen Mark Gesamtausfuhr. Verlangsamend wirkt allerdings die Arbeiterfrage.

Je $^{1}/_{3}$ der angebauten Fläche entfällt auf Manihotkautschuk, der für Groß- und Kleinkultur paßt und Sisalhanf, der sich besser für größere Betriebe eignet. Das letzte Drittel umfaßt Kokospalmen, Baumwolle, Kaffee und einige kleinere Kulturen.

In Kamerun überwiegen bei der Ausfuhr bisher wilder Kautschuk und Elfenbein, dann folgen die Eingeborenenprodukte Palmöl und Palmkerne. Der Plantagenbau liefert bisher fast nur Kakao, und zwar für 3 Millionen Mark im Jahre 1910. 18 Unternehmungen haben mit 50—60 Weißen und 10—11 000 Arbeitern bisher 8000 ha Kakao angebaut und außerdem 6000 ha mit Kautschukbäumen bepflanzt, die aber noch nicht tragen. Eine große Zukunft hat die maschinelle Ausbeutung der Früchte von wilden oder künftig anzupflanzenden Ölpalmenbeständen. Auch die Bananenkultur ist aussichtsreich.

Togo ist bisher fast ganz ein Land kleinbäuerlicher Eingeborenenkultur. Die einzigen vorhandenen Plantagen Kpeme und Agupflanzung bauen Kokospalmen und Sisalagaven bzw. Kakao und Kautschuk, die in Gründung begriffene Togo-Pflanzungs-Aktiengesellschaft will Sisalhanf und Kautschuk anbauen.

Die Bauernwirtschaft liefert ansehnliche Mengen und hat z. B. bei Mais zeitweise einen sehr großen Aufschwung genommen, ist aber in ihren Erträgen ganz unberechenbar. So sind im letzten Jahre Palmöl und Palmkerne trotz günstiger Regenmengen nur wenig gestiegen, Mais ist auf einen Bruchteil der früheren Ausfuhr zurückgegangen, und auch Baumwolle hat stark nachgelassen.

Recht große Bedeutung dürfte auch in Togo die maschinelle Verarbeitung der Ölpalmfrüchte bekommen, mit der die Agupflanzung in ihren Beständen bereits begonnen hat.

Sehr interessant ist die ungleich größere Ausnutzung der Arbeitskraft des Negers im Plantagenbau gegenüber der Bauernwirtschaft. Kpeme und Agupflanzung schaffen pro Kopf ihrer Arbeiter, obwohl diese sich überwiegend nebenbei noch ihre Lebensmittel bauen, schon jetzt 200 Mk., künftig bei Vollertrag 500 Mk. Ausfuhrwerte, während die Bevölkerung der zurzeit wirtschaftlich erschlossenen Teile von Togo in ihrer Bauernwirtschaft nur 20 Mk. Ausfuhrwerte pro Kopf liefert.

Der Plantagenbau hat also eine ganz überraschende Bedeutung für die Entwicklung der Tropenkolonien, vorausgesetzt natürlich, daß er — woran es früher vielfach gefehlt hat — sachgemäß betrieben wird.

An den Vortrag schloß sich die Vorführung einer großen Zahl wohlgelungener Lichtbilder nach eigenen Aufnahmen des Redners.

In seinem am 14. Februar gehaltenen Vortrag über das Thema: „Wie ich Ostafrika vor 20 Jahren und jetzt gefunden habe“* hob Herr Oberstleutnant z. D. Richelmann eingehender folgende Tatsachen hervor:

Daressalam hat sich hervorragend entwickelt, denn ehedem nicht viel mehr als ein Negerdorf, ist es jetzt eine reizende Villenstadt, in der vortreffliche Ordnung herrscht, ohne daß der Bureaukratismus so groß wäre, wie man es daheim vielfach annimmt. Überall zeigt sich Fortschritt, nur in einer Beziehung ist ein Rückschritt erfolgt: in der Behandlung der Eingeborenenfrage. Die Wege, welche Wissmann und seine Nachfolger wandelten, sind leider verlassen und die Klagen, welche die ortsansässigen Deutschen erheben, daß sie weniger Berücksichtigung finden als Neger und Juden, sind vielfach sehr begründet.

Gleichwie Daressalam haben sich auch andere Küstenorte gehoben, besonders Tanga. Nur Bagamoyo ist zurückgegangen und mußte zurückgehen, denn sein blühender Handel wurde durch die neuen Verkehrsmittel nach andern Orten gelenkt.

Mit der Entwicklung des Küstenstrichs hat diejenige des Hinterlandes gleichen Schritt gehalten, wenigstens dort, wo die Eisenbahnen ihren wohltätigen Einfluß geltend machen. Am augenfälligsten tritt dies im Hinterlande Tangas hervor, das allerdings auch von der Natur besonders gut bedacht ist. Die unter Kultur befindliche Fläche ist weit größer und viel intensiver bewirtschaftet, als die meisten ahnen. Die Erträge steigen so, daß die Pflanzer nach dieser Richtung hin recht zufrieden sind.

Alle diese Maßnahmen übten natürlich eine Rückwirkung auf die Eingeborenen aus, was sowohl in der sachgemäßeren Anlage und Pflege ihrer Felder als auch in der Lebenshaltung und vor allem in der Kleidung der Leute zum Ausdruck kommt.

Fesselnd ist die vorzüglich geleitete landwirtschaftlich-biologische Station Amani, auf welcher deutsche Gelehrte durch

Kulturversuche Ergebnisse zeitigen und Fragen klären, welche für die Pflanzer von höchster Wichtigkeit sind. So groß und erfreulich all diese Fortschritte sind, so unerfreulich ist der Mangel an Fürsorge, welche die jetzigen Gouvernementskreise der Besiedelung gegenüber an den Tag legen, obgleich die ausgedehnten, über 1400 m Seehöhe gelegenen Hochländer dem Nordeuropäer auch in gesundheitlicher Beziehung vortrefflich zusagen. Westusambara z. B. erfreut sich eines durchaus gesunden Klimas, ist auch sonst von der Natur reich bedacht, aber diese Vorteile können nicht voll zur Geltung kommen, weil der Wegebau seitens der Behörde vernachlässigt wird, und ohne Wege ist Handel und Wandel und damit auch die Besiedelung des gesunden Hochlandes unglaublich erschwert.

Man muß auch wünschen, daß das Gouvernement der Waldwirtschaft mehr Aufmerksamkeit schenkt. Die Zahl der Forstleute ist viel zu gering, und doch leistet gerade der deutsche Forstmann Hervorragendes, wie er schon in fremden, speziell in indischen Kolonien bewiesen hat.

Unsere Nachbarn in Britisch Ostafrika erkennen die deutschen Leistungen im Plantagenbau unumwunden an, wir sollten aber ebenso vorurteilsfrei sein und das englische Besiedelungswerk uns als Beispiel dienen lassen. Die — wahrscheinlich zur Beschönigung — aufgestellte Behauptung, das Besiedlungswerk in Englisch Ostafrika gelänge nicht, wird durch die Tatsachen völlig widerlegt, und es ist sehr wünschenswert, daß wir Deutsche, speziell unsere Kolonialbehörden, sich ein Beispiel daran nehmen und es eingehend studieren, wir können dort viel, sehr viel lernen.

Ganz erstanlich erweist sich die Entwickelung der Uferlandschaften des Viktoriasees. Vor 22 Jahren bildeten jene Bezirke noch ein wenig erforschtes, nur flüchtig von einigen Europäern berührtes Gebiet, während jetzt ein reger Handelsverkehr herrscht. Zweifellos gebührt das Verdienst der Erschließung in erster Linie der englischen Ugandabahn, aber auch die deutsche Arbeit hat viel, sehr viel geleistet, denn weit über die Hälfte der Güter, welche die Ugandabahn dem Ozean zuführt, stammt aus unserer Kolonie. Muansa, ehedem nur aus einigen Hütten bestehend, hat sich zu einem ansehnlichen Ort entwickelt, und der dortige Bezirksamtmann, Regierungsrat Gunzert, entfaltet eine großartige Tätigkeit. Nicht minder ist die Residentur Bukoba fortgeschritten. In den Ländern am Viktoriasee kann man so recht erkennen, was durch eine vernunftgemäße Behandlung der Eingeborenen erreicht werden kann.

Neben den wirtschaftlichen Fortschritten tritt überall in augenfälliger Weise die Besserung der gesundheitlichen Verhältnisse hervor, als glänzender Beweis der hervorragenden Tüchtigkeit deutscher Ärzte.

Die hier in aller Kürze genannten Dinge wurden im Vortrage durch eingehende Beispiele klargestellt und bewiesen sowie durch Lichtbilder erläutert und der Überzeugung Ausdruck gegeben, daß das in 20 Jahren Geleistete der deutschen kolonisatorischen Tätigkeit ein glänzendes Zeugnis ausstellt und zu den weitgehendsten Hoffnungen für die Zukunft berechtigt.

Am 14. März schilderte der Privatdozent für Tropenmedizin und zweite Direktor des deutschen Instituts für ärztliche Mission in Tübingen, Herr Dr. med. Olpp seine „Erlebnisse und Erfahrungen als Missionsarzt in Ostasien". Redner war 9 Jahre lang als Arzt im Dienste der Rheinischen Mission in Tungkun (Südchina) tätig und hatte als solcher reichlich Gelegenheit, nicht nur die gesundheitlichen Verhältnisse im Reiche der Mitte, sondern auch Sitten und Gewohnheiten der Bevölkerung kennen zu lernen. Über beides wußte er viele interessante Einzelheiten zu erzählen. Der europäische Arzt hat zunächst mit großen Schwierigkeiten zu kämpfen, ehe er eine erfolgreiche Tätigkeit beginnen kann. Das erste Erfordernis ist die Erlernung der chinesischen Sprache. Da von einer medizinischen Wissenschaft in China kaum die Rede sein kann, haben auch erst die europäischen Ärzte, deren es in China zurzeit 365 männliche und 114 weibliche gibt, in mühsamer Arbeit die medizinischen Begriffe in chinesischer Sprache sammeln oder zum größten Teil erst bilden müssen. Die chinesische Heilmethode ist durchaus primitiv und oft sehr grausam. Das Punktieren mit Nadeln, das häufig den Tod des Patienten herbeiführt, spielt dabei eine große Rolle. Die Heilmittel, die von den chinesischen Ärzten verordnet werden, sind oft ekelerregend. Dabei walten vielfach abergläubische Vorstellungen ob. So gilt z. B. eine Suppe aus gekochter Menschenleber als unfehlbares Heilmittel, und mit bewunderungswürdigem

Heroismus bringen sich Männer und Frauen die gefährlichsten Wunden bei, um ein Stück der eigenen Leber abzuschneiden und einen kranken Angehörigen dadurch vor dem Tode zu retten. Gegen solche und ähnliche abergläubische Vorstellungen und Unsitten haben die europäischen Ärzte beständig zu kämpfen. Der Vortragende sprach dann eingehend über den Erreger der in China häufig vorkommenden Malaria und Lepra, gab an der Hand von guten Lichtbildern einen Einblick in den Betrieb des von ihm selbst erbauten Hospitals in Tungkun und wußte auch über manchen schönen Zug von Dankbarkeit bei seinen chinesischen Patienten zu berichten. Durch seine eingehende Schilderung der schönen Erfolge, die die Missionsärzte in unermüdlicher Wirksamkeit in China erzielt haben, sowie durch den Nachweis der Ärztenot in den deutschen Schutzgebieten, wurde man in der Überzeugung bestärkt, daß es sich bei der Errichtung des deutschen Instituts für ärztliche Mission in Tübingen um ein notwendiges Werk handelt, dessen weiterer Ausbau dringend zu wünschen wäre.

Für den Vortrag am 28. März hatten wir den königlich niederländischen Generalstabshauptmann Gooszen gewonnen, der über „Niederländisch-Indien, unter besonderer Berücksichtigung von Niederländisch-Neu-Guinea" sprach.

Einleitend gab der Redner einen Überblick über die geographische Lage und die Größenverhältnisse des ostindischen Archipels, sowie über die Geschichte von Niederländisch-Indien, wobei er mit berechtigtem Stolz die kühnen Seefahrten der Holländer in früheren Jahrhunderten schilderte. Im Hauptteile seines Vortrages entwarf er sodann ein anschauliches und fesselndes Bild von Niederländisch-Indien, das er durch einen fast 20jährigen Aufenthalt in den Kolonien eingehend kennen gelernt hatte. Besonderes Interesse boten seine Mitteilungen über die geographischen und ethnographischen Verhältnisse Niederländisch-Neu-Guineas, das er vor kurzem im Auftrage seiner Regierung in dem bisher gänzlich unbekannten Südost-Teil erforscht hatte. Sitten und Gebräuche der noch in der Steinzeitkultur lebenden Eingeborenen, sowie ihre äußerst primitiven Wohnungen führte er in Wort und Bild vor. Mit den anfangs scheuen Eingeborenen knüpfte sich nach und nach ein freundliches Verhältnis an, dem auch die große Menge ethnographischer Gegenstände zu verdanken ist, die der Vortragende von seiner Reise mitgebracht hat. Eine Auswahl derselben, in der sich viele hochinteressante und seltene Stücke fanden, sowie eine Reihe von Schädeln waren auf mehreren Tischen ausgebreitet und konnten nach dem Vortrag von den Zuhörern besichtigt werden.

Am 15. November sprach Herr Oberbürgermeister Dr. Külz-Bückeburg über „Die Bedeutung unserer Kolonien für das deutsche Wirtschaftsleben".* Er führte etwa folgendes aus:

Das deutsche Volk lebt gegenwärtig in einer Zeit hochgespannten kolonialen Interesses. Die Marokkoaffäre hat die Gemüter lebhaft und lange beschäftigt und wird vermutlich noch lange im Mittelpunkt des politischen Interesses stehen. Man mag über den Wert oder Unwert des von Deutschland Erreichten verschiedener Meinung sein, das eine Gute hat die ganze Angelegenheit auf jeden Fall gehabt: sie hat gezeigt, daß der koloniale Gedanke bis tief in die weitesten Schichten des deutschen Volkes gedrungen ist, daß die Überzeugung von der Notwendigkeit überseeischer Betätigung Gemeingut des deutschen Volkes geworden ist, und daß das Bedürfnis nach kolonialer Expansion die deutsche Nation zu erwecken vermag zu einem großen nationalen Impuls. Koloniales Verständnis des deutschen Volkes ist nicht nur nötig zu einer großzügigen deutschen Nationalpolitik, sondern wir brauchen es auch zur Lösung der zahlreichen kolonialen Wirtschaftsfragen, die von Tag zu Tag mehr an uns herantreten werden. Unseres deutschen Volkes gesamtes wirtschaftliches Wohlergehen und Vorwärtsschreiten wird künftig mehr noch als bisher abhängen von der Gestaltung unseres überseeischen Wirtschaftslebens, insbesondere von Maß und Stand unserer eigenen kolonialwirtschaftlichen Entwickelung. Deshalb ist es nötig, daß jeder Deutsche die nachhaltigen und engen Beziehungen kennt, die zwischen unserm täglichen Leben, zwischen unserm täglichen Brot und unsren täglichen Bedürfnissen einerseits und unsren Kolonien andrerseits bestehen, bestehen können und bestehen müssen.

Schon rein äußerlich sind sich manche gar nicht darüber klar, um welche gewaltige Besitzungen es sich bei unseren Kolonien handelt. Deutschland hat das drittgrößte überseeische Kolonialgebiet unter den Weltmächten. An erster Stelle steht bekanntlich England mit einem Besitz von 29 Millionen Quadratkilometern. Dann kommt Frankreich mit rund 6 Millionen Quadratkilometern überseeischer Besitzungen. Deutschlands Kolonien umfassen einschließlich der jetzigen Kongoerwerbungen 2 800 000 Quadratkilometer Land mit etwa 15 Millionen eingeborener Einwohner. Ein großes weites Gebiet, verteilt über mehrere Erdteile, unter den verschiedenartigsten klimatischen, wirtschaftlichen und völkerschaftlichen Lebensbedingungen.

Der große deutsche Kolonialbesitz würde keinen Schuß Pulver wert sein, wenn er nicht unsere Nationalwirtschaft fördernd beeinflussen könnte. Wer in der kolonialen Praxis steht, weiß, wie sehr hierzu unsere Kolonien in der Lage sind, aber es muß das deutsche Volk in seiner Gesamtheit wissen, wie sehr für uns die Erschließung unserer Kolonien eine wirtschaftliche Notwendigkeit ist. Wir müssen uns klar machen, wie jeder einzelne von uns von früh morgens an, wenn er das Bett verläßt bis spät abends, wenn er sich wieder niederlegt in seines Leibes Nahrung und Notdurft abhängig ist von den Erzeugnissen und Ergebnissen der Kolonialwirtschaft, und wie nicht nur die Privatwirtschaft des Einzelnen, sondern auch damit unsere gesamte Volkswirtschaft in diesem Verhältnis der Wechselwirkung und der Abhängigkeit steht.

Stearinkerze, Licht, Seife, — die wir schon bei der Morgentoilette brauchen — wer weiß denn, daß diese kleinen täglichen Bedarfsartikel die Erzeugnisse einer großen deutschen Industrie sind, die, um arbeiten, um leben, um uns diese notwendigen Dinge liefern zu können, für viele Millionen an überseeischen Stoffen beziehen muß? Die Licht-, die Seifen, die Stearin-, die Parfümerieindustrie braucht gewaltige Mengen an Ölrohstoffen aus dem Ausland. Wenn man alles zusammenrechnet, was diese Industrien und was andere Gewerbe an kolonialen Ölstoffen an Ölen und Pflanzenfetten brauchen, so kommt jährlich eine Summe von mehr als 200 Millionen Mark zusammen. Diese großen Summen führen wir jährlich dem Auslande zu, das so gütig ist, uns Sesam, Kopra, Palmkerne, und wie die Ölfrüchte und Ölrohstoffe alle heißen, zu liefern. Willenlos müssen wir die Preise zahlen, die uns das Ausland abfordert. Die beteiligte

Industrie, in der etwa 100 Millionen Mark deutschen Kapitals arbeiten, in der rund 10000 deutsche Arbeiter mit 15 Millionen Mark jährlichem Einkommen ihr Brot finden, hängt somit beim Bezug ihrer Rohstoffe, in ihrer Arbeits- und Lohngestaltung, kurz in ihrer ganzen Produktion vom Auslande ab. Können wir diese Stoffe nicht in unseren Kolonien gewinnen? Gewiß. In Togo und Kamerun haben wir einen Bestand von mehr als 20 Millionen Stück Ölpalmen, in Ostafrika etwa 1 Million Stück, und auch in den Südseebesitzungen gedeihen die Ölpalmen vortrefflich. Ausnutzung, Pflege und auch Anbau dieser Ölpalmen lohnten sich aber nicht, so lange nicht durch Eisenbahnen eine rentable Absatzmöglichkeit geschaffen wurde. Das wird anders werden! Die Notwendigkeit eines ausgedehnten kolonialen Bahnnetzes ist auch in Deutschland jetzt anerkannt, und so werden diese Produkte immer mehr aus den Beständen unserer Kolonien gewonnen werden können. Ein erfreulicher Anfang ist zu verzeichnen. Schon jetzt führen unsere Kolonien für 11 Millionen Mark jährlich an Ölrohstoffen aus. Das Zehnfache ist erstrebenswert und erreichbar.

Der Beginn der Morgentoilette war der Ausgangspunkt unserer kolonialwirtschaftlichen Betrachtung. Noch ehe wir den Fuß aus der Tür des Schlafzimmers setzen, haben wir uns weiter einer ganzen Fülle von Erzeugnissen überseeischer Stoffe bedient. Was wir des Morgens an Kleidung anlegen und des Tags über auf dem Leibe tragen, das stammt dem Stoffe nach zu 90 Prozent aus den überseeischen Gebieten. Dies gilt vor allem von den wollenen und baumwollenen Stoffen für unsere Kleidung. Wenn man's auf den Kopf der Bevölkerung ausrechnet, so trägt jeder von uns jährlich durchschnittlich etwa 14 Pfund Baumwolle und 8 Pfund Wolle auf. Die Textilindustrie verarbeitet sie uns zu den Stoffen unserer Kleidung; sie liefert in erheblichem Umfange darüber hinaus ihre Fabrikate auch an das Ausland. Um dies alles leisten zu können, muß sie zuvor ganz ungeheure Mengen an Baumwolle und Wolle aus dem Auslande beziehen. Für 600 Millionen Mark braucht die Textilindustrie jährlich an Baumwolle; mehr als dreiviertel davon bezieht sie aus den Vereinigten Staaten von Amerika, das übrige aus Britisch-Indien und Ägypten, und für 400 Millionen Mark Wolle liefert uns jährlich das Ausland, in erster Linie Britisch-Südafrika, Australien und Argentinien. Eine Milliarde Mark wandert also jährlich an das Ausland, damit unsere Textilindustrie unsere Bekleidungsstoffe herstellen kann. Welche gewaltigen Summen können hier dem deutschen Nationalvermögen erhalten werden, wenn es gelänge, diese Stoffe zu einem erheblichen Teile aus den deutschen Gebieten zu gewinnen! Wie steht es damit? Nun, wir haben in unseren Kolonien weite, große Ländereien, die für den Anbau von Baumwolle und für Wollschafzucht geeignet sind. Wir sind freilich hier gegenwärtig noch nicht über Anfänge hinausgekommen, aber die Anfänge sind erfreulich und vielversprechend. Togo und Ostafrika eignen sich für Baumwollanpflanzungen; sie führen heute schon über 1 Million Kilogramm an Baumwolle aus. Südwestafrika ist in vielen Teilen zur Wollschafzucht wie geschaffen. Die Zahl der Wollschafe, die hier gezüchtet werden kann, beläuft sich nicht auf Tausende und nicht auf Hunderttausende, sondern auf Millionen. Ein Blick auf die benachbarte, wirtschaftlich und klimatisch gleich gestaltete britische Kapkolonie zeigt uns dies mit ihrem Wollexport von jährlich 46 Millionen Mark. So ist es also nicht unmöglich, daß ein beträchtlicher Teil der von unserer Textilindustrie benötigten Rohstoffe künftig aus deutschen Ursprungsländern wird kommen können. Das ist im Interesse unserer gesamten deutschen Volkswirtschaft zu wünschen und zu hoffen. Der Zustand der völligen Abhängigkeit der Textilindustrie ist mit großen wirtschaftlichen Gefahren für sie selbst und für das deutsche Volk verbunden. In der Textilindustrie ist über 1 Milliarde deutschen Nationalvermögens engagiert, und mehr als 1 Million deutscher Arbeiter finden in ihr Beschäftigung und Verdienst. Arbeiter und Unternehmer haben das gleiche Interesse an einer angemessenen und ausreichenden Versorgung der Textilindustrie mit Baumwolle und Wolle. Wenn z. B. das Pfund Baumwolle sich nur um 10 Pfennige verteuert, so bedeutet das für die deutsche Textilindustrie eine jährliche Mehrausgabe von 80 Millionen Mark, und wenn in Amerika einmal eine Mißernte an Baumwolle auftritt, ohne daß wenigstens ein teilweiser Ersatz an einer anderen, deutschen Produktionsstätte der Welt gegeben ist, so sind Hunderttausende deutscher Arbeiter mit ihren Familien brotlos, so wie sie es in England waren, als dort in der Zeit des amerikanischen Bürgerkrieges die Baumwollzufuhr aufhörte. Das sind ernste Gedanken, denen sich vor allem der deutsche Arbeiter nicht verschließen sollte, im Gegenteil, der Arbeiter müßte — so wie er es in England bereits ist — ein begeisterter Freund kolonialwirtschaftlicher Förderung sein.

Auch das Leder zu unserm Schuhwerk und zu den vielen andern Leder-Gebrauchsartikeln vermag die deutsche Lederindustrie nicht nur aus der heimischen Viehwirtschaft zu erhalten, sie muß jährlich für mehr als 330 Millionen Mark an Häuten und Fellen einführen. Wesentlich ist vor allem die Einfuhr von Rindshäuten, die in großen Mengen jetzt aus Argentinien und Brasilien kommt, die aber mit der fortschreitenden Entwickelung unsrer Tierzucht in den Kolonien, vor allem der Rinderzucht in Südwest, aus deutschen Gebieten in großem Umfange bezogen werden können. Wie die Gewinnung von Lederrohstoffen, so bedingt auch das Gerben der Tierhäute große Mengen überseeischer Materialien. Schon lange vermag Deutschland selbst den Bedarf seiner Lederindustrie an Gerbstoffen nicht zu decken. Über 40 Millionen Mark werden jährlich für solche Gerbstoffe an das Ausland gezahlt. Dabei harren in Deutsch-Ostafrika und in Kamerun schier unermeßliche Waldgebiete, die solche Gerbstoffe in reicher Fülle bieten, der Erschließung, ohne daß bisher infolge mangelnder Verkehrswege mehr als für 40000 Mark jährlich von diesen Stoffen gewonnen worden wäre.

So sehen wir, daß wir schon zur angemessenen, gesicherten und wohlfeilen Befriedigung unseres einfachsten Bedürfnisses an Kleidung einfach angewiesen sind auf eine Ausdehnung unsrer kolonialwirtschaftlichen Entwickelung. Wie mit der Kleidung, so steht's auch mit unserer Nahrung. Vom frühesten Morgen an befinden wir uns im Bannkreis überseeischen Bedarfs. Wir setzen uns an den Frühstückstisch; ob wir Kaffee trinken, ob wir Kakao bevorzugen — wir leisten dem Auslande einen höheren Tribut, als es gut und nötig ist. Wir Deutschen sind starke Kaffeetrinker. Für 190 Millionen Mark Kaffee führen wir jährlich ein, und 214 Millionen Kilogramm Kaffee werden in den deutschen Küchen trotz Zichorie, trotz Malz- und Gerstensurogaten jährlich gemahlen und verbraut. Zweifellos kann in Ostafrika und auf den Südsee-Inseln, auch in Kamerun unter den richtigen Voraussetzungen erfolgreicher Kaffeebau getrieben werden. Die Kaffeepflanzungen in den deutschen Schutzgebieten umfassen zurzeit 4 Millionen Stück Kaffeebäume und ermöglichen eine jährliche Ausfuhr von etwa 1 Million Mark. Günstiger als beim Kaffee liegen die Verhältnisse jetzt schon beim Kakao. Wir führen jährlich jetzt für 42 Millionen Mark Kakao ein. Demgegenüber ist es erfreulich zu sehen, daß unsere eigene Kakaoerzeugung in den Kolonien ständig wächst. Am weitesten ist die Kakaokultur in Ostafrika vorgeschritten; auch Togo, Kamerun und die Südsee-Inseln kommen hierfür zum Teil in Betracht. Eine wesentliche und baldige Steigerung der jetzt bereits 4 Millionen Mark betragenden Ausfuhr ist mit Sicherheit zu erwarten, sodaß der Kakao ein deutsches Volksgetränk im umfassendsten Sinne des Wortes zu werden verspricht. Mit diesem beruhigenden Gefühle können wir den Frühstückstisch mit seinen überseeischen Genußmitteln verlassen, um zu unserer Tagesarbeit überzugehen.

Unsere Wohnung liegt oft weit weg von der Stätte unsrer Arbeit, deshalb benutzen wir das Fahrrad, oder die „Elektrische", oder das Automobil. Wer macht sich wohl je dabei klar, daß diese Verkehrsmittel nicht denkbar sind, wenn nicht für viele Millionen aus dem Auslande bezogener Rohstoffe sie ermöglichten. Unsre Fahrzeugfabriken und unsre Elektrizitätswerke brauchen neben den Materialien, die ihnen die Heimat selbst genügend liefert, in großen Mengen vor allem zwei überseeische Rohstoffe, das sind Kautschuk und Kupfer. Kautschuk ist der wichtigste Gummirohstoff. Unsre Gummiindustrie, die uns die Reifen am Fahrrad und am Automobil, die Hilfsartikel der Elektrotechnik und vieles andere mehr liefert, hat einen großen Umfang angenommen. Sie beschäftigt etwa 35000 Arbeiter und befriedigt nicht nur den Bedarf an Gummiwaren innerhalb Deutschlands, sondern führt in ganz erheblichen Mengen Gummiwaren aus. Der deutsche Gummiwarenhandel steht in der Welt an erster Stelle. Um diese umfangreiche Gummifabrikation durchführen zu können, führt Deutschland jährlich jetzt etwa für 160 Millionen Mark Kautschuk ein, und zwar aus den verschiedensten Ländern, am meisten aus Brasilien. Kautschuk ist der in der Rinde von Kautschukbäumen enthaltene Saft, der durch Anzapfen oder

Niederschlagen der Bäume gewonnen wird. Das geht so lange, als große Urwaldbestände hierfür zur Verfügung stehen. Da aber nichts auf der Erde unerschöpflich ist, wird eine weitschauende Wirtschaftsgebahrung sich nicht allein auf die raubbaumäßige Gewinnung des Kautschuk werfen, sondern man wird durch plantagenmäßige Anpflanzung von Kautschukbäumen für eine Erneuerung und Fortsetzung der Bestände besorgt sein. Deutschland hat in seinen Kolonien Ostafrika, Kamerun, Togo und auf den Südsee-Inseln Kautschuk liefernde Pflanzen in reichen Beständen. Unsere Kolonien führen jährlich auch schon eine beachtliche Menge im Werte von 12 Millionen Mark aus. Diese Ausfuhr stammt hauptsächlich aus wilden Beständen, aber die begonnenen Kautschukanpflanzungen sind in rascher Zunahme begriffen. Wir haben jetzt in unseren Kolonien, vor allem in Ostafrika, Kautschukanpflanzungen mit etwa 14 Millionen Stück Kautschukbäumen, deren volle Ertragsfähigkeit nicht mehr lange auf sich warten lassen wird. Deutschland wird also mit Erfolg in den Wettbewerb um die Kautschukgewinnung eintreten können, eine für die deutsche Fahrzeugindustrie und die deutsche Elektrotechnik wertvolle Aussicht. Wertvoller freilich würde es für die Elektrotechnik sein, wenn sie sich auch in ihrem Kupferbedarf von der Preisdiktatur des Auslandes befreien könnte. Der Verbrauch an Rohkupfer beträgt in der Welt jährlich etwa 800 Millionen Kilogramm, in Deutschland 180 Millionen Kilogramm. Von diesem Bedarf vermag Deutschland aber noch nicht ein Sechstel aus heimischen Bergwerken zu gewinnen. Für 200 Millionen Mark muß Deutschland jährlich an Rohkupfer einführen. In den heimischen Bergwerken, in Mansfeld und im Harz, läßt sich dieses Ziel nicht erreichen. Eine Steigerung der Produktion in den heimischen Bergwerksbetrieben ist nur in ganz mäßigen Grenzen möglich gewesen. Wohl aber sind in Deutsch-Südwestafrika reiche Kupferlager vorhanden. Im Norden dieses Schutzgebietes ist die sogenannte Otavigesellschaft an die Arbeit gegangen. Sie baut seit einigen Jahren die hochprozentigen Kupfererze bei Tsumeb ab und wirft jetzt schon mehrere Millionen Kilogramm Kupfer auf den Markt. Außer Tsumeb gibt es aber in Deutsch-Südwestafrika noch eine ganze Reihe weiterer Kupfererzlager, so daß dieses deutsche Land zweifellos unter den kupfererzeugenden

Ländern der Welt eine nicht unwesentliche Stelle einzunehmen vermag. Im Interesse der kupferbedürftigen Industrie Deutschlands muß man wünschen und danach streben, daß dieser Erfolg möglichst bald eintrete.

Wie am Morgen und Vormittag, so stehen wir auch am Mittag, Nachmittag und Abend in kolonialer Abhängigkeit. Bekanntlich muß Deutschland zur Ernährung seiner rasch wachsenden Bevölkerung außer dem Fleisch, das die heimische Landwirtschaft liefert, sowohl noch lebendes Vieh, als auch frisches und zubereitetes Fleisch einführen. Argentinien ist jetzt noch das Hauptlieferungsgebiet hierfür. Das Lieferungsgebiet der Zukunft ist Deutsch-Südwestafrika. Deutsch-Südwestafrika mit seinen großen, weiten Steppen ist ein Viehzuchtgebiet ersten Grades, es werden gegenwärtig eine Viertelmillion Rinder im Lande vorhanden sein. Damit ist die erreichbare Grenze noch nicht gegeben, sondern bei vorsichtiger Schätzung wird man sagen können, daß die für Rindviehzucht geeigneten Teile Deutsch-Südwestafrikas zwei Millionen Rinder werden tragen können. Dann werden wir unsere Fleischkonserven aus Südwest beziehen und unsere Suppe mit südwestafrikanischem Fleischextrakt anrichten können.

Wenn dies erreicht sein wird, dann können wir uns vielleicht auch schon nach Tisch eine Zigarre aus deutschkolonialem Tabak anzünden. Bei unserm außerordentlichen Verbrauch an überseeischen Tabaken wäre das ebenfalls ein sehr erwünschter Zustand; für den einzelnen Raucher sowohl wie für die Tabakindustrie. 132 Millionen Mark beträgt der Wert der unbearbeiteten Tabakblätter, die jetzt jährlich nach Deutschland gebracht werden. Eine weitverzweigte Tabakindustrie bemüht sich, diese Blätter zu mundgerechten Fabrikaten für uns zu verarbeiten. In etwa 7000 Betrieben arbeiten rund 180 000 Personen mit einem Lohneinkommen von etwa 110 Millionen Mark. Das, was zu diesem Bedarf unsre deutschen Schutzgebiete bisher beitragen, ist geringfügig. Andere Kulturen waren bisher lohnender. Systematische Versuche haben jedoch gezeigt, daß auf den deutschen Besitzungen in der Südsee, in Deutsch-Ostafrika und in Deutsch-Südwestafrika guter Tabak gebaut werden kann. Bei planmäßiger Fortsetzung der Versuche und Anfänge ist eine ausgedehnte Tabakkultur in diesen unseren Schutzgebieten zu erwarten. Freilich wird es hier noch eines längeren Zeitraumes bedürfen, um quantitativ und qualitativ ausschlaggebende Erfolge zu erzielen.

Es ist eine eigenartige Erscheinung in der Entwickelung unserer Kolonien, daß die besten Produktionsziffern sich zunächst nicht ergeben bei den notwendigen und nützlichen Artikeln des Massenverbrauchs, sondern bei den Luxusartikeln, insbesondere bei dem einen Luxusartikel: den Diamanten. Die Diamanten traten zufällig in das Wirtschaftsbild unserer Kolonien ein. In Südwestafrika wurden die ersten dieser wertvollen Steine im Mai 1908 gefunden. Seit dieser Zeit hat sich der Diamantenbergbau in einer Weise entwickelt, daß jetzt jährlich etwa für 25 Millionen Mark Diamanten ausgeführt werden. Das ist ein außerordentlich beachtenswertes Ergebnis, dessen man sich aufrichtig freuen kann. Ob freilich die Ertragsfähigkeit der südwestafrikanischen Diamantenfelder dauernd die gegenwärtige Ausbeute gewährleisten wird, steht dahin, immerhin kann man aber im Hinblick auf die räumliche Ausdehnung der Diamantenfelder und auf ihre Ergiebigkeit mit einer längeren Lebensdauer der Diamantengewinnung rechnen. Bedeutende Produktionswerte verspricht dann noch ein weiterer Luxusartikel aus unsern Kolonien, das sind die Straußenfedern. Die deutsche Damenwelt braucht jährlich für 10 Millionen Mark Straußenfedern, und zwar nicht nur jetzt, wo die beliebte große Hutform ein besonders günstiges Absatzgebiet für Straußenfedern abgibt, sondern schon seit längerer Zeit. Die Hauptbezugsquelle für diese Straußenfedern ist die Südwestafrika benachbarte britische Kapkolonie, die jährlich etwa für 30 Millionen Mark Straußenfedern ausführt. Bei konsequenter Durchführung der Straußenzucht in Südwestafrika, wo es wilde Straußen in großen Mengen gibt, wird der gesamte heimische Bedarf später aus Deutsch-Südwestafrika gedeckt werden können.

So sehen wir, daß unsere Kolonien mit Millionenwerten als Lieferungsländer für unsere heimischen Bedürfnisse in Betracht kommen. In gleicher Weise sind sie Absatzländer für heimische Erzeugnisse. Je weiter die Entwickelung fortschreitet, um so aufnahmefähiger werden die Kolonien für Kulturbedürfnisse; für Erzeugnisse der deutschen Industrie. Die zunehmende Aufnahmefähigkeit und Kaufkraft der Kolonien steigert Leistungs- und Lieferungsfähigkeit der deutschen Industrie und den Umsatz des deutschen Handels in viel höherem Maße, als man gemeinhin annimmt. Unsere Kolonien führen jährlich etwa für 130 Millionen Mark in Waren ein, von denen die weitaus größere Hälfte deutschen Ursprungs ist. Da die Ausfuhr aus den Kolonien jetzt etwa mit dem gleichen Betrage anzusetzen ist, kann man den gesamten Handelsumsatz unserer Kolonien mit etwa 260 Millionen Mark in Ansatz bringen, ein Bild, das angesichts der kurzen Dauer wirklich planmäßiger Erschließung unserer Kolonien als sehr erfreulich und ermutigend bezeichnet werden muß.

Es würde, wie das um die Förderung des Verständnisses der wirtschaftlichen Bedeutung unsrer Kolonien hochverdiente Kolonialwirtschaftliche Komitee wiederholt mit Recht betont hat, sowohl für die Sicherung und Besserung unsrer Arbeitsverhältnisse wie für unsere gesamte Volkswirtschaft ein großer Gewinn sein, wenn es angesichts der Verschärfung der internationalen Konkurrenz, der Erstarkung neuer Industriestaaten, der zunehmenden Schwierigkeit, neue Handelsverträge abzuschließen, und der steigenden Bedürfnisse Deutschlands gelänge, durch Entwickelung der Produktions- und Konsumfähigkeit unserer eigenen Kolonien unsere nationale Wirtschaftssphäre zu erweitern und zu befestigen.

Hatte uns Herr Hauptmann Gooszen im März ein Bild von den Großtaten seines Volkes auf kolonialem Gebiet entworfen, so zeigte uns der Privatdozent an der Heidelberger Hochschule, Herr Dr. Wätjen, in seinem am 23. November gehaltenen Vortrage über „Die Kolonialpolitik der Niederländer in Ostindien im 17. und 18. Jahrhundert“* die Kehrseite der Medaille.

Die Geschichte der niederländischen Kolonisation in Ostasien, so führte er aus, ist in der Hauptsache die Geschichte der holländisch-ostindischen Kompagnie, die durch zwei Jahrhunderte die Republik der vereinigten Niederlande als Kolonialmacht in Ostindien vertreten hat. Nach einem kurzen historischen Rückblick schilderte der Redner die Entstehung dieser im Jahre 1602 ins Leben tretenden Gesellschaft. Mit ihrer Schöpfung schlug die niederländische Handelspolitik einen ganz neuen Weg ein. War friedlicher Handel bis dahin ihr Hauptzweck gewesen, so sprach nun die Politik ein gewichtiges Wort mit.

Denn der neue Handelskörper sollte zugleich als Stütze für den Staat dienen. Das Erscheinen der Kompagnieschiffe ward in der Sundawelt mit Freuden begrüßt, man erwartete von der Gesellschaft Hilfe gegen die alten Bedrücker Ostindiens, Spanier und Portugiesen. Und so ist es zu erklären, daß die Holländer trotz des wechselvollen Kampfes Erfolg hatten, und daß die Hoffnung auf Gewinn anfangs in weitgehender Weise erfüllt wurde. 1606 schüttete die Gesellschaft 75 Prozent, in den folgenden Jahren 40, 20, 25 und 50 Prozent aus. Von 1610 bis 1648 kam durchschnittlich eine Dividende von 20 Prozent zur Verteilung. Das erste Ziel, das die Kompagnie durch rücksichtsloses Auftreten erreichte, war die Beseitigung aller Konkurrenz im fernen Osten. In einem Zeitraum von kaum 30 Jahren unterwarf sie sich ein Handelsgebiet im malayischen Archipel, das an Umfang das ganze Mittelmeer übertraf, und wurde Herrin des üppigsten Gebietes der Erde. Dann ging sie daran, den Gewürzhandel nach dem Vorbild der Portugiesen zu monopolisieren. Um dem Schleichverkehr vorzubeugen, wurde der Anbau der Muskatnüsse und Gewürznelken auf bestimmte Inseln beschränkt, während man die Bestände an andern Plätzen mit Stumpf und Stiel ausrotten ließ. Als sich die tapfere Bevölkerung der Molukken gegen diese Ausrottungen empörte, ward der Aufstand blutig bestraft. Die Monopolisierung des Handels verlangte Schaffung eines Verkehrszentrums in Indien. Nach 1619 wurde Batavia zum Mittelpunkt des holländischen Kolonialreiches erhoben. Chinesen und Malayen lockte man durch Handelsvorteile hierher, auch alte Beamte der Kompagnie und aus den Niederlanden gekommene Handwerker ließen sich in Batavia nieder. Aber die mangelhafte Sorge für die weißen Kolonisten und die schlechte Bezahlung der Angestellten hatten zur Folge, daß nur minderwertiges Menschenmaterial in den Dienst der Kompagnie trat. Besser erging es den Chinesen, die für Java unentbehrliche Arbeiter wurden, bis ein Aufstand der überhandnehmenden chinesischen Bevölkerung mit einer furchtbaren Katastrophe endete. Mit eiserner Konsequenz führte die Kompagnie den Grundsatz durch, lieber viel auf wenig Ware, als wenig auf viel Ware zu verdienen. 1720 hatte sie ihren Höhepunkt bereits überschritten. Die Monopolstellung ließ sich nicht aufrechterhalten, die Konkurrenz wurde zu groß, die Verwaltungskosten übertrafen die Einnahmen, und endlich schlug die zunehmende Demoralisation der Beamten der Gesellschaft schwere Wunden. Im Jahre 1795 ward sie unter Staatsverwaltung genommen, die konsolidierte Schuld betrug damals fast 120 Millionen Gulden, die aus der Staatskasse gedeckt wurden. Damit war der Kolonialbesitz der Gesellschaft an den Staat übergegangen. Die Geschichte der ostindischen Kompagnie lehrte, so schloß der Vortragende, daß Kolonien unter ausschließlich kaufmännischen Gesichtspunkten auf die Dauer nicht zu behaupten sind und zu keiner gedeihlichen Entwicklung gelangen können.

Den letzten Vortrag des Jahres am 12. Dezember hatte unser Vorstandsmitglied, Herr Geheimrat Prof. Dr. Wolfram, die Freundlichkeit zu übernehmen: Nach einleitenden Worten des 1. Vorsitzenden machte der Vortragende seine Zuhörer mit den „Kultur- und Handelsbeziehungen des Orients mit Gallien und Germanien im Frühmittelalter“ bekannt und erntete mit seinen interessanten Ausführungen den Dank und Beifall der Versammlung. Der ausführliche Bericht über diesen Vortrag kann leider erst im nächsten Heft erstattet werden.

Kassenbericht pro 1911.

Einnahme	Mk.	Pfg.	Ausgabe	Mk.	Pfg.
Vortrag	527	70	Honorar für Redner, Saalmiete, Bedienung von Lichtdruck-Apparaten etc.	622	39
Jahresbeiträge . . . Mk. 3138.— abzüglich des an die Deutsche Kolonialgesellschaft Berlin überwiesenen Anteils . . „ 1770.—	1368	—	Drucksachen	421	03
			Porto-Auslagen, Schreib- und Einzugsgebühren	72	08
Zinsen der Rhein. Creditbank, Filiale Straßburg	33	25	Verschiedene kleine Auslagen, Telefongebühren	82	15
			Guthaben bei der Rheinischen Creditbank am 31. Dezember 1911	731	30
	1928	95		1928	95

Mitgliederverzeichnis

Januar 1912.

Protektor:

Seine Durchlaucht Fürst zu Hohenlohe-Langenburg.

Ehrenmitglieder:

Dr. Sven von Hedin in Stockholm.
Leo, Generalleutnant z. D., Exzellenz, in Kassel.

Korrespondierende Mitglieder:

von Förster, Oberst u. Kommandeur des Inf.-Regts. 48 in Cüstrin.

Vorstand:

Ehrenvorsitzender:	Gerland, Dr., Univ.-Professor, Geh. Reg.-Rat.
I. Vorsitzender:	Auler, Generalmajor, Inspekteur der 3. Ing.-Inspektion.
II. „	Sapper, Dr., Universitätsprofessor.
I. Schriftführer:	Gähtgens, Dr., Professor, Oberlehrer.
II. „	Hager, Hauptmann, Inf.-Regt. 105.
Schatzmeister:	Engelhorn, Bankdirektor.
Beisitzer:	Frhr. v. Gemmingen, Geh. Reg.-Rat, Kreisdirektor.
	v. Habermaas, Oberst, Festungs-Inspekteur.
	Hergesell, Dr., Univ.-Professor, Geh. Reg.-Rat.
	Herold, Major, Fuß-Art.-Regt. 14.
	Langenbeck, Dr., Professor, Oberlehrer.
	Marckwald, Prof. Dr., Oberbibliothekar.
	Offermann, Dr., Geh. Reg.-Rat.
	Pöhlmann, Bezirkspräsident.
	Rudolf, Dr., Universitätsprofessor.
	Schmidt, Generalleutnant z. D., Exzellenz.
	Schwalbe, Dr., Universitätsprofessor.
	Schwander, Dr., Bürgermeister.
	Stage, Geh. Regierungsrat.
	Weigand, Prof. Dr., Oberlehrer.
	Wolfram, Prof. Dr., Geh. Reg.-Rat, Direktor der Universitäts- u. Landesbibliothek.
	Würtz, Dr., prakt. Arzt.

Mitglieder.

Die Namen derjenigen Mitglieder, welche zugleich der Abteilung Straßburg der Deutschen Kolonialgesellschaft angehören, sind mit einem * versehen.

1. Abegg, Dr. jur., Oberleutnant a. D., Goethestraße 41.
*2. Adler, C., Fabrikant, Kochstaden 7.
3. Aron, Landgerichtsdirektor, Ruprechtsauer Allee 32.
*4. Auler, Generalmajor u. Inspekteur d. 3. Ing.-Inspektion, Orangeriering 20 a.
*5. Backes, Heinrich, Architekt, Oberlinstraße 23.
*6. Baer, Dr., prakt. Arzt, Kleine Kirchgasse 2.
7. Baeseler, Landgerichtsrat, Manteuffelstraße 39.
*8. Baeumker, Dr., Universitätsprofessor, Wenckerstraße 8.
9. v. Bar, Oberleutnant, Inf.-Reg. 105, Schiltigheimerplatz 10.
*10. Bäßler, Oberleutnant, Inf.-Reg. 126, Wasselnheimerstraße 5 II.
11. Basse, Reg.- und Baurat, Schiltigheimerplatz 6.
*12. Bauer, Major z. D. Bezirkskommando, Universitätsplatz 8.
*13. Baumann, Oberleutnant, Inf.-Regt. 126, Barrerstraße 10.
14. Bauschinger, Dr., Universitätsprofessor, Sternwarte.
15. Bayer, Dr., Universitätsprofessor, Paul-Labandstaden 2.
16. Bechen, Oberst z. D., Vorstand d. Art.-Depots, Sternwartstr. 7.
17. Becker, Kriegsgerichtsrat, Wimpfelingstraße 2.
18. Beetz, Dr., Direktor, Pioniergasse 1.
*19. Belin, Dr., prakt. Arzt, Thomasstaden 1 bis.
*20. Bellardi, Hauptmann, Fortifikation, Twingerstraße 5.
*21. Berg, Dr., Assistent am Anatom. Institut, Taulerstraße 21.
22. v. Berg, Frhr., Landforstmeister a. D., Murnerstraße 4.
*23. Berger, Kaufmann, Gewerbslauben 10.
*24. Berger, Schriftsteller, Ruprechtsauer Allee 45I.
25. Bergmann, Dr., Regierungsrat, Daniel-Hirtz-Straße 14.
*26. Bertheau, Ingenieur, Sleidanstraße 6.
*27. Bertog, Oberstleutnant u. Direktor d. Artilleriewerkstatt, Zeughausgasse 6.
*28. Beyer, Reinh., Kaufmann, Gewerbslauben 46.
*29. Biedert, Dr., Professor, Geh. Medizinalrat, Silbermannstr. 6.
*30. Biffé, Regierungs-Assessor, Kreisdirektion.
*31. Bilharz, Leutnant, Inf.-Regt. 105, Geilerstraße 19.
*32. Bindernagel, Hauptmann, Pion.-Batl. 15, Paul-Labandstad. 4.

33. Blaum, Dr., Professor, Oberlehrer, Universitätsplatz 7.
34. Block, Oberleutnant, Inf.-Regt. 105, Schiltigheimerplatz 10.
35. Blunck, Baurat, Königshofenerstraße 8.
*36. v. Boeckmann, Generalmajor u. Komm. d. 60. Inf.-Brig., Möllerstraße 9 II.
37. Bögnerschule, Vorstand der —, Finkweilerstaden 5.
38. Bok, Dr., Prof., Oberlehrer, Weißturmring 29.
39. v. Bomhard, Dr., Landgerichtsdirektor, Geh. Justizrat, Schwarzwaldstraße 41.
*40. Bonatz, Oberleutnant, Ingen.-Inspektion, Gerhartstraße 6.
41. „Bon Pasteur", Direktion des —, höhere Mädchenschule der Diakonissenanstalt, Marxgasse 8.
42. Bonsack, Hauptmann, Inf.-Regt. 172, Neubreisach.
*43. v. Borries, Dr., Professor, Oberlehrer, Judengasse 15.
*44. Bramm, F., Kriegsgerichtsrat, Schweighäuserstraße 21.
*45. Brandenburg, Major, Inf.-Regt. 132, Nikolausring 39.
*46. Braubach, Geh. Bergrat, Lessingstraße 8.
47. Braun, Dr., Universitätsprofessor, Physikalisches Institut.
48. Breitenbach, Generalleutnant z. D., Ludwigshafenerstraße 4.
*49. Breitenberger, Robert, Universitätsplatz 11.
50. Bresslau, Dr., Universitätsprofessor, Ruprechtsauer Allee 45.
51. Brion, Aug., Architekt, Aureliengasse 11.
*52. Bruch, Geh. Regierungsrat, Lameystraße 3.
*53. Bucher, Hauptmann, Inf.-Regt. 105, Twingerstraße 8.
*54. Bücking, Dr., Universitätsprofessor, Lessingstraße 7.
*55. Bullrich, Leutnant, Husaren-Regt. 9, Schwarzwaldstr. 29.
*56. Bürel, Badbesitzer, Gedeckte Brücken 8[a].
*57. v. dem Busche Haddenhausen, Frhr., Hauptmann, Inf.-Regt. 105, Ludwigshafenerstraße 12.
58. Burger, Kriegsgerichtsrat, Fischartstraße 18.
*59. Burschenschaft „Arminia", Orangeriering.
*60. Burschenschaft „Germania", Züricherstraße 11[a] I.
*61. Cahn, Dr., Universitätsprofessor, Goethestraße 5.
*62. Chiari, Dr., Universitätsprofessor, Goethestraße 9.
*63. Classen, Dr., Generaloberarzt, Ruprechtsauer Allee 14.
*64. Clorer, Oberleutnant, Inf.-Regt. 132, Ludwigshafenerstr. 15.
65. Colas, Prokurist von M. DuMont Schauberg, Jung-St.-Peterplatz 6.
*66. Colomb, Leutnant, Inf.-Regt. 105, Fort Kronprinz.
67. Crell, Oberleutnant, Fuß-Art.-Regt. 14, Twingerstraße 5.

*68. v. Criegern, Major, Inf.-Regt. 105, Mannheimerstraße 3 IV.
*69. Cronau, Geh. Regierungsrat, Blessigstraße 4.
*70. Cunze, Oberleutnant, Feld-Art.-Regt. 15, Ruprechtsauer Allee 60.
71. Cußler, Hoflieferant, Studentengasse 8—10.
*72. Dahms, Rittmeister, Hus.-Regt. 9, Universitätsstraße 38.
73. Dalitz, Vize-Postdirektor, Apffelstraße 21.
74. Danz, Hauptmann, Inf.-Regt. 136, Kaiser-Friedrichstraße 19a.
*75. v. Dawans, Major, Bekleidungsamt, Spachgäßchen 1.
*76. Deichmann, W., Rentner, Baden-Baden, Gunzenbachstr. 4.
*77. Dernen, Generalmajor, Kommandeur der 61. Inf.-Brig., Herderstraße 18 II.
*78. Deuster, Kaufmann, Kronenburgerring 23.
*79. Dieckhoff, Dr., Geh. Reg.- und Vortragender Rat beim Statthalter, Orangeriering 11.
*80. Dienst, Robert, Kaufmann, Oberlinstraße 6.
81. Dietrich, Dr., Sanitätsrat, Arzt, Odilienstraße 1.
*82. Dittmar, Oberregierungsrat, Kaiser-Friedrichstraße 9.
83. Dittmar, Geh. Medizinalrat Dr., Schwarzwaldstraße 31.
84. Dobritz, Katasterkontrolleur, Bitscherstraße 5.
85. Döderlein, Dr., Universitätsprofessor, Paul-Labandstaden 30.
86. Dominicus, Oberbürgermeister, Schöneberg.
87. Dreyfuß, Dr., Privatdozent, Ruprechtsauer Allee 39.
88. Duhm, Liz., Divisionspfarrer, Ruprechtsauer Allee 48a.
*89. Egloffstein, Frhr. v. u. zu, Exz., General der Infanterie, Gouverneur von Straßburg, Blauwolkengasse 25.
90. Ehrhardt-Redslob, Marie, Sternwartstraße 15.
91. Eichelmann, Schiltigheim, Vogesenstraße 5. (Bischweilerstraße 2 bis April 1912.)
*92. Eichmann, Major, Art.-Offiz. v. Platz, Fischartstraße 14.
*93. Einecker, Dr., Oberstabsarzt, Schiltigheimerplatz 11 I.
*94. Eisinger, Oberleutnant, Inf.-Regt. 143, Mutzig, Bahnhofplatz.
95. Eissen, Geh. Kommerzienrat, Kaiser-Friedrichstraße 13.
*96. Engelhorn, Bankdirektor, Schweighäuserstraße 41.
*97. Esche, Major, Inf.-Regt. 136, Kaiser Wilhelmstraße 5.
98. Euting, Dr., Universitätsprofessor, Geh. Regierungsrat, Schloßplatz 2.
*99. Fack, Hauptmann, Inf.-Regt. 126, Vogesenstraße 21.
*100. Fechner, Leutnant, Intendantur des XV. A.-K., Kölnerring 18.

*101. Fehling, Dr., Geh. Obermedizinalrat, Universitätsprofessor, Paul Labandstaden 15.
*102. Feist, Jos., Direktor der Elsäss. Tabakmanufaktur, Kaiser-Wilhelmstraße 3.
*103. Feuerheerd, Hauptmann, Inf.-Regt. 136, An der Aar 7.
104. Fick, Justizrat, Notar, Schiltigheim, Bischweilerstraße 56.
105. Ficker, Dr., Universitätsprofessor, Lessingstraße 2.
106. Fischer, Dr., Universitätsprofessor, Küfergasse 25.
*107. Fischer, Hermann, Leutnant, Inf.-Regt. 105, Bitscherstraße 2.
*108. Fischer, Major und Adjutant d. 31. Division, Großer Spittelgartenweg 3.
109. v. Förster, Oberst und Kommandeur des Inf.-Regt. 48 in Cüstrin, korrespondierendes Mitglied.
*110. Freihen, Buchhändler, Dietrichstaden 4.
*111. Freudenfeld, Oberregierungsrat, Kaiser-Wilhelmstraße 5.
*112. Freund, Dr., Universitätsprofessor, Lessingstraße 6.
*113. Friemel, Oberst, Kommandeur der Pioniere des XV. A.-K., Kaiser-Friedrichstraße 32.
*114. Fromme, Dr., Oberarzt, Palaststraße 11.
115. Funke, Dr., Universitätsprofessor, Müllenheimstaden 3.
*116. Füßlein, Major im Generalstab d. 30. Division, Ruprechtsauerallee 65.
*117. Gähtgens, Dr., Prof., Oberlehrer, Schiltigheim, Vogesenstr. 7.
*118. Geest, Oberleutnant, Inf.-Regt. 132, Kölnerring 24.
*119. Gebhardt, Landger.-Dir. a. D., Geh. Justizrat, Gailerstr. 5.
*120. Geissel, J., Generalagent, Kleberstaden 16.
*121. Gelshorn, Dr., Prof., Oberlehrer a. D., Schweighäuser. 21 II.
*122. v. Gemmingen, Frhr., Geh. Reg.-Rat, Kreisdirektor, Palaststraße 5.
123. Geographisches Seminar, Universität.
*124. Gerber, E., Dr., Geh. Reg.-Rat, Bezirkspräsidium.
*125. Gerland, Dr., Geh. Reg.-Rat, Universitätsprofessor, Schillerstraße 6.
*126. Glasmacher, Regier.- u. Forstrat, Bezirkspräsidium.
*127. Glauer, Generalmajor z. D., Am Waseneck 7.
*128. Glässgen, Leutnant, Inf.-Regt. 132, Gerhartstraße 5.
*129. Glockner, Hauptmann, Inf.-Regt. 132, Sebastian-Brantplatz 3.
*130. Glunz, J., Fabrikant, Weißturmring 2.
*131. Glunz, M. E., Strohhutfabrikant, Wasselnheimerstraße 4.
*132. Glück, Major, Inf.-Regt. 126, Ludwigshafenerstraße 10.

*133. Gödel, Leutnant, Inf.-Regt. 105, Bitscherstraße 14.
134. Götte, Dr., Universitätsprofessor, Spachallee 13.
*135. Goetz, Direktor der direkten Steuern, Schweighäuserstr. 21.
*136. v. d. Goltz, Frhr., Generalleutnant, Exz., Kommandeur der 30. Division, Am Waseneck 3.
137. Graner, Direktor der Techn. Schule, Schwarzwaldstraße 19.
138. Grau, Ober-Postinspektor, Oberlinstraße 38.
*139. Grass, Hauptmann, Inf.-Regt. 105, Nikolausring 7.
*140. Graul, Oberst, Inf.-Regt. 105, Ruprechtsauerallee 49.
141. Gravenstein, Major, Art.-Offiz. v. Platz, Broglieplatz 18.
*142. Greiner, Emil, Zivilingenieur, Kronenburgerstraße 19.
*143. Grell, Major, Inf.-Regt. 136, Schiltigheimerring 6.
144. Grober, Prof., Dr., Lycealdirektor, Schloßplatz 1.
*145. Grosch, Oberleutnant, Hus.-Regt. 9, Am Schießrain 7.
*146. Großkopf, Brauereidirektor, Schiltigheim, Bischweilerstr. 17.
*147. Grote, Frhr., Hauptmann, Maschinengew.-Abt. 3, Kölnerring 22.
*148. Grotowsky, Oberleutnant, Inf.-Regt. 132, Bez.-Adj., Strauß-Dürkheimstraße 3.
*149. Grunert, Otto, Dr., Bankdirektor, Kochstaden 14 b.
*150. Gründahl, Rentmeister, Franziskanergasse 1.
*151. Gümbel, Leutnant, Inf.-Regt. 143, Kaiser-Friedrich-Kaserne.
152. Gunzert, Bankdirektor, Murnerstraße 2.
*153. Günther, Oberleutnant, Pionier-Bat. 19, Ill-Rheinkanalstraße 4.
*154. Gussone, Leo, Kaufmann, Pariserstaden 6.
155. Haan, Ed., Diplom-Ingenieur, Vogesenstraße 17.
*156. v. Habermaas, Oberst, Festungs-Inspekteur, Spachallee 12.
157. Habermehl, Ober-Postinspektor, Paul-Labandstaden 6 III.
*158. Hagemann, Leutnant, Hus.-Regt. 9, Poststraße 11, komm. z. Mil.-Reitinstitut.
*159. Hager, Hauptmann, Inf.-Regt. 105, Silbermannstraße 14.
160. Hähner, Direktor der Straßenbahngesellschaft, Vogesenstraße 20.
*161. Hambruch, Generalvertreter der Krupp'schen Werke in Essen, Daniel-Hirtz-Straße 11.
*162. Hammel, Kaufmann, Kronenburgerstraße 37.
163. Hänsler, Dr., prakt. Arzt, Kochstaden 5.
164. Happach, Prof., Dr., Oberlehrer, Schiltigheimerplatz 12.
165. Harbordt, Prof., Dr., Oberlehrer, Universitätsplatz 6.

*166. Hartmann, Hauptmann, Fortifikation, Stöberstraße 12.
*167. Hauptmann, E., Rektor d. städt. Schulen, Heerstraße 9 III.
168. Hausmann, Dr., Universitätssekretär, Geilerstraße 1.
*169. Heber, Leutnant, Inf.-Regt. 105, Manteuffelkaserne, Geb. I, St. 96.
170. Hecker, Dr., Medizinalrat, Spachallee 10.
*171. Hecker, Dr., Obergeneralarzt, Lameystraße 13.
*172. Heckert, Ober-Leutnant, Inf.-Regt. 143, Sternwartstraße 4.
173. Hedin, Sven v., Dr., Ehrenmitglied, Stockholm.
174. Heilmann, Oberleutnant, Inf.-Regt. 136, Finkmattstraße 19.
*175. Heinrich, Verlagsbuchhändler, Lameystraße 5.
*176. Heitmann, Ober-Postinspektor, Vogesenstraße 26.
*177. Herf, Reg.- u. Forstrat, Schwarzwaldstraße 25.
*178. Hergesell, Dr., Universitätsprofessor, Geh. Reg.-Rat, Direktor des meteorolog. Instituts, Silbermannstraße 4.
*179. Hering, Postdirektor, Weißenburgerstraße 17.
*180. Hering, Geh. u. Oberregierungsrat, Twingerstraße 18.
*181. Hermann, Ministerialrat, Schiltigheim, Kirchfeldweg 9.
*182. Herold, Major, Fuß-Art.-Regt. 14, Schwarzwaldstraße 44.
183. Herrenschmidt, Kommerzienrat, Wacken 1.
*184. Herrfahrdt, Hauptmann z. D., Bezirksoffizier, Hohenlohestraße 20.
185. Hertel, Dr., Universitätsprofessor, Paul-Laband-Staden 4.
186. Hertzog, ev. Pfarrer, Blauwolkengasse 3.
*187. Heuck, Major, Inf.-Regt. 136, Christoph-Heerstraße 5.
*188. Heusner, Referendar, Schwarzwaldstraße 65.
189. Hey, Professor an der Techn. Schule, Sternwartstraße 18.
*190. Heye, Oberst, Inf.-Regt. 143, Ruprechtsauer Allee 32.
*191. Hinrichs, Adolf, Oberförster, Oberehnheim.
*192. Hoch, Oberstleutnant, Inf.-Regt. 105, Sleidanstr. 28.
193. Hoff, C. E., Kaufmann, Blauwolkengasse 15.
*194. Hoffmann, Buchhändler, Kaiser Friedrichstraße.
195. Hofmeister, Dr., Universitätsprofessor, Wimpfelingstraße 2.
*196. Se. Durchlaucht Fürst zu Hohenlohe-Langenburg. Langenburg, Württemberg.
*197. Se. Durchlaucht Erbprinz zu Hohenlohe-Langenburg. Langenburg, Württemberg.
*198. Holderer, Oberamtmann, Kehl.
*199. Holnstein, Graf, Major z. D., Froeschweiler.
*200. Hommel, Fabrikdirektor, Kaiser Friedrichstraße 17.

*201. Horst, Ernst, Maler, Schwarzwaldstraße 30.
*202. Huber, Geh. Kommerzienrat, Kochstaden 4.
203. v. Hügel, Frhr., Regierungsrat, Zornstaden 3.
*204. Hugo, Oberstleutnant, Husaren-Regt. 9, Ruprechtsauer Allee 34.
205. Hüster, Geh. Baurat, Ehrmannstraße 1.
206. Ingenmey, M., Frau, Rentner, Sleidanstraße 7.
*207. Ilse, Oberst u. Kommandeur Fuß-Art. Regt. 10, Orangering 16.
*208. Jaehne, Stabsarzt, Dr., Inf.-Regt. 105, Schwarzwaldstr. 12.
*209. Jahr, Leutnant, Pionier-Bat. 19, Kaserne v. Mertens.
*210. Jansen, Jul., Fabrikant, Gutleutgasse 10.
*211. Janssen, Rittmeiser, Train-Batl. 15, Universitätsplatz 5.
*212. Jeckel, Amtsgerichtsrat, Odilienstraße 1.
*213. Jerschke, W., Baumeister, Schwarzwaldstraße 42.
214. Jessen, Ernst, Dr. med., Professor, Broglieplatz 4.
215. Jessen, Wilh., Zahnarzt, Broglieplatz 4.
*216. Jorns, Kriegsgerichtsrat, Nikolausstaden 22.
217. Jost, Dr., Universitätsprofessor, Botan. Institut.
*218. Jungk, Hedwig, Fräulein, Oberlinstraße 39.
*219. Kade, Oberst u. Bat.-Kommand., Ruprechtsauer Allee 26.
*220. Kaiser, Dr., Archivdirektor, Schwarzwaldstraße 40.
*221. Kauffmann, Kommerzienrat, Taulerstraße 27.
222. Keetmann, Staatsanwalt, Fischartstraße 16.
223. Keller, Dr., Justizrat, Notar, Pioniergasse 7.
*224. Killinger, Geh. Reg.-Rat, Leostraße 5.
225. Klähn, Dr., Prof., Oberlehrer, Kochstaden 6.
226. Klein, Dr., Univ.-Prof., Neukirchgasse 1—3.
*227. Knapp, Dr., Universitätsprofessor, Schwarzwaldstraße 4.
228. Knorr, Kunstmaler, Schiltigheimerplatz 1.
229. Koch, C., D. D. S., American Dent., Kaiser Wilhelmstr. 3.
*230. Koch, Hauptmann, Inf.-Regt. 136, Inselstraße 2.
231. Köbig, Institutsvorsteherin, Manteuffelstraße 14.
*232. Kopp, Oberleutnant, Inf.-Regt. 105, Ohmachtstraße 13.
233. Kraft, J., Kaufmann, Sleidanstraße 4.
234. Krause, Dr., Privatdozent, Oberlinstraße 32.
*235. Kreyher, H., Hauptmann a. Bekleidungsamt, Ruprechtsau, Hinterortweg 10b.
*236. Krieger, Reg.-Assessor, Schweighäuserstraße 7.
*237. Kritzler, Major, Bekleidungsamt, Apffelstraße 18.

238. Kröll, Dr., Prof., Geh. Sanitätsrat, Wenckerstraße 8.
*239. Kruttke, Fräulein, Schulvorsteherin, Am Waseneck 6.
*240. Kuhff, Aug., Weinhändler, Blauwolkengasse 6.
241. Kühn, Leutnant, Inf.-Regt. 105, Manteuffelkaserne, Geb. I, St. 70 (komm. zur Turnanstalt).
*242. Kühne, Kauptmann, Inf.-Regt. 136, Goethestraße 29.
243. Laband, Dr., Univ.-Prof., Staatsrat, Wirkl. Geh. Rat, Exzellenz, Kaiser-Wilhelmstraße 17.
244. Lade, Oberkriegsgerichtsrat, Apffelstraße 3.
*245. Lamarche, Kaufmann, Hohenlohestraße 2a.
*246. Lammers, H., Dipl.-Ingenieur, Dietrichstaden 1.
*247. Landolt, Dr., Universitätsprofessor, Neukirchgasse 3 I.
248. Lange, Rittmeister, Train-Bat. 15, Kaiser-Wilhelmstraße 21.
*249. Langenbeck, Dr., Prof., Oberlehrer, Kaiser-Friedrichstr. 24.
250. Laqueur, Dr., Universitätsprofessor, Taulerstraße 19.
251. Lasser, Dr., Prof., Generalarzt, Universitätsplatz 8.
*252. Lawaczek, Eisenbahn-Betriebsdirektor, Bahnhofsring 3 II.
253. Ledderhose, Frau Unterstaatssekretär, Kaiser-Wilhelmstraße 17.
254. Ledderhose, Dr., Univ.-Professor, Erwinstraße 1.
*255. v. Legat, Rittmeister, Sternwartstraße 11.
*256. Lellbach, Amtsrichter, Wenckerstraße 4.
*257. Lengnick, Hauptmann, Inf.-Regt. 105, Oberlinstraße 15.
*258. Lennig, Dr., Justizrat, Rechtsanwalt, Broglieplatz 20.
259. Leo, Generalleutnant z. D., Exz., Ehrenmitglied, Kassel.
260. Leuchtenberger, Dr., Ober-Stabsarzt, Fuß-Art.-Regt. 14, Universitätsplatz 11.
261. Levy, Ernst, Dr., Univ.-Professor, Johannesstaden 10.
*262. v. Liebenstein, Frhr., Geh. Ob.-Reg.-Rat, Poststraße 10.
*263. Limpert, Hauptmann, Inf.-Regt. 126, Strauß-Dürkheimstraße 4.
264. Littmann, Dr., Universitätsprofessor, Schweighäuserstr. 24 I.
265. Lohmüller, Hauptmann, Inf.-Regt. 132, Metz.
266. Loos, Dr., Stabsarzt, An der Aar 11.
*267. Löwe, Direktor der Elektrizitätswerke, Lameystraße 4.
268. Luthmer, Dr., Geh. Reg.-und Oberschulrat, Ohmachtstraße 3.
269. Machemehl, Postrat, Sleidanstraße 3.
*270. Madelung, Dr., Universitätsprofessor, Geh. Medizinalrat, Schillerstraße 9.
*271. Madlung, Major, Bekleidungsamt, Wimpfelingstraße 3.

272. Manasse, Dr., Universitätsprofessor, Herderstraße 2.
273. Marckwald, Dr., Prof., Oberbibliothekar, Herderstraße 36.
274. Marum, Kaufmann, Vogesenstraße 87.
*275. May, Hauptmann, Inf.-Regt. 126, Manteuffelstraße 43.
276. Mayer, Alfred, Kaufmann, Kochstaden 9.
277. Medicus, Dr., Justizrat, Oberkriegsgerichtsrat, Ruprechtsauer Allee 22.
278. Meinshausen, Dr., Assistent am anatom. Institut, Anatomiegebäude.
279. Menger, Oberleutnant, Inf.-Regt. 172, Vogesenstraße 40.
280. Menten, Feuerwerkshauptmann, Art.-Depot, Mannheimerstraße 20.
281. Metzenthin, Dr., Sanitätsrat, Sebastian-Brantplatz 8.
282. Meyer, E., Dr., Universitätsprofessor, Geilerstraße 14.
283. Meyer-Nicolay, C., prakt. Zahnarzt, Odilienstraße 3.
284. Moritz, Geh.-Rat, Prof., D., Köln.
*285. v. Mossner, Exz., General d. Kaval. z. D., Nikolausring 41.
286. Müller, Wwe., Frau Hauptmann, Ludwigshafenerstraße 8.
*287. Müller, Regierungsbaumeister a. D., Schwarzwaldstraße 48.
288. Müller, Dipl.-Ingenieur, Züricherstraße 4.
*289. Müller, Dr., Oberlehrer, Oberrealschule.
*290. Nagel, Leutnant, Inf.-Reg. 136, Manteuffelkaserne Geb. III, St. 85/86.
*291. Naumann, Oberleutnant, Inf.-Regt. 136, Vogesenstraße 3.
*292. Neddermann, Rud., jr., Kaufmann, Blauwolkengasse 17/19.
*293. Neumann, Dr., Universitätsprofessor, Münzgasse 5.
294. Neumann, Ober-Reg.-Rat, Herderstraße 18.
295. Nobis, Dr., Regierungsrat, Twingerstraße 19.
*296. Nüssler, Leutnant, Train-Batl. 15, Lessingstraße 39.
*297. Offermann, Dr., Geh. Reg.-Rat, Paul-Labandstaden 14.
*298. Ohlrogge, Postrat, Möllerstraße 17.
299. Oppenheimer, Dr., Gerichtsassessor, Möllerstraße 9.
*300. Oppermann, Hauptmann, Inf.-Regt. 105, Inselstraße 8a.
301. Osterloff, Architekt und Bauunternehmer, Lützelsteinerstraße 7.
*302. Ostermann, Major, Art.-Werkstatt, Zeughausgasse 6.
*303. Paasch, Major, Fuß-Art.-Regt. 14, Fischartstraße 24 II.
304. Pauli, Dr., Geh. Oberjustizrat, Landesgerichtspräsident a. D., Zornstaden 4.
305. Pauli, Staatsanwalt, Waseneck 2.

*306. Paulus, Dr., Divisionspfarrer, Schwarzwaldstraße 21.
307. Pawolleck, Dr., Geheimrat, Sternwartstraße 12.
*308. Payne, Hauptmann a. D., Odilienstraße 1.
*309. Petersen, Major u. Bat.-Kdr. Inf.-Regt. 132, Lenôtrestr. 8.
310. Petri, Dr., Unterstaatssekretär, Wirkl. Geh. Rat. Exz., Münstergasse 1.
*311. Petzold, Dr., Stabsarzt, Inf.-Regt. 105, Schwarzwaldstr. 44.
312. Pfister, A., Kaufmann, Gewerbslauben 10.
313. Pflügel, Carl, Ingenieur am Elektrizitätswerk, Julianstr. 15.
*314. Piehl, Leutnant, Inf.-Regt. 105, Rosenek 6.
*315. v. Pilgrim, Major, Inf.-Regt. 172, Neubreisach.
*316. Pinder, Hauptmann, Inf.-Regt. 132, Sternwartstraße 11.
*317. Plieninger, Hauptmann, Pionier-Batl. 19, Möllerstraße 12.
*318. Pöhlmann, Bezirkspräsident, Kochstaden 1.
*319. Poplawski, Reichsbankdirektor, Broglieplatz 5.
*320. Praefcke, Major, Adj. d. 30. Div., Universitätsplatz 5.
321. Preisigke, Dr., Telegraphendirektor, Hohenlohestraße.
322. Priess, Kaufmann, Schlauchgasse 2.
323. Quander, Hauptmann, Inf.-Regt. 132, Mauritiusstraße 5.
*324. Rathgen, Exz., Generalleutnant z. D., Nikolausring 1.
*325. Ratzel, Hauptmann, Bekleidungsamt, Arnoldsplatz 5.
326. Redemeyer, Leutnant, Fuß-Art.-Regt. 10, Oberlinstraße 30.
327. Redslob, Frl. Johanna, Nikolausstaden 8.
328. Rehm, Dr., Universitätsprofessor, Hohenlohestraße 22.
329. Reimer, Frau Regierungsrat, Goethestraße.
330. Reißland, Postdirektor, Hauptpostamt.
*331. Rentner, Oberleutnant, Kölnerring 5.
332. Rhode, Ober-Baurat, Bahnhofring 3.
333. Richter, Major, Inf.-Regt. 105, Fridolinstraße 7.
*334. Ries, Dr., Professor, Oberlehrer, Schiltigheimerring 3.
*335. Roch, Oberleutnant, Inf.-Regt. 105, Mauritiusstraße 3.
*336. Roeder, Oberst, Inf.-Regt. 136, Schweighäuserstraße 25.
*337. Römer, Dr., Universitätsprofessor, Dietrichstaden 1.
*338. v. Römer, Oberleutnant, Inf.-Regt. 105, Oberlinstraße 39.
339. Römmler, Oberleutnant, Inf.-Rgt. 105, Steinwallstraße 72.
*340. Roos, Siegmund, Holzhändler, Schweighäuserstraße 17.
*341. Roos, Albert, Holzhändler, Goethestraße 13.
342. Rosenfeld, Dr., Universitätsprofessor, Schwarzwaldstraße 3.
*343. Rothfuß, Bauunternehmer, Steinwallstraße 44.
*344. Rudolph, Dr., Universitätsprofessor, Sleidanstraße 3.

345. Rützou, Otto, Landmesser, Manteuffelstraße 1.
*346. Salzer, Major, Feld-Art.-Regt. 51, Lessingstraße 43.
*347. Sander, Hauptmann, Inf.-Regt. 143, Lameystraße 6.
*348. Sapper, Dr., Universitätsprofessor, Herderstraße 28 II.
*349. Schäfer, Leutnant, Hus.-Regt. 9, Goethestraße 21.
*350. v. Schaefer, Generalleutnant, Exz., Komm. d. 31. Division, Spachallee 7.
351. Schaer, Dr., Universitätsprofessor, Silbermannstraße 1.
*352. Schaller, Geh. Kommerzienrat, Präsident der Handelskammer, Münstergasse 1.
353. Scheid, Ministerialrat, Schwarzwaldstraße 38.
354. Scherdlin, H., Pyrotechniker, Kochstaden 6.
355. Scherer, Bergmeister, Herderstraße 14.
356. Scheuermann, Geh. Rechnungsrat, Brandgasse 19.
357. Scheuffele, Reg.- u. Baurat, Vogesenstraße 43.
*358. Schiekel, Hauptmann, Fortifikation, Zornstaden 17 III.
359. Schlemmer, Dr., Geh. Regierungs- und Oberschulrat, Strauß-Dürkheimstraße 5.
*360. Schlesinger, Dr., prakt. Arzt, Universitätsprofessor, Goethestraße 1.
*361. Schmiedeberg, Dr., Universitätsprofessor, Züricherstraße 4.
*362. Schmidt, Wirkl. Geh. Oberregierungsrat, Präsident der Generaldirektion d. Eisenbahnen in Els.-L., Bahnhofpl.
*363. Schmidt, Exz., Generalleutnant z. D., Ruprechtsau, Karpfenweg 6.
364. Schmidt, Dr., phil., Sleidanstraße 25.
365. Schmidt, Major, Bad. Pionier-Bat. 14, Kehl, Rheinstr. 25.
*366. Schoeller, Leutnant, Hus.-Regt. 9, Hermannstraße 5.
*367. Scholl, Hauptmann, Inf.-Regt. 105, Schweighäuserstraße 24.
*368. Schorcht, Hauptmann, Inf.-Rgt. 132, Sternwartstraße 11.
*369. v. Schrader, Major, Feldart.-Regt. 15, Ehrmannstraße 3.
370. Schradin, Major, Fußart.-Regt. 10, Arnoldplatz 3.
371. Schramm, Postrat, Lützelsteinerstraße 7.
372. Schröder, Th., Professor, Dr., Oberlehrer, Illwallstraße 20.
*373. Schubert, Generalleutnant, Exz., Sternwartstraße 12.
*374. Schulz, Dr., Oberstabsarzt, Inf.-Regt. 105, Kaiser-Wilhelmstraße 3.
375. Schumann, Dr., Prof., Oberlehrer, Schiltigheimerring 5 III.
*376. Schumburg, Dr., Prof., Generaloberarzt, Kaiser-Friedrichstraße 11.
*377. Schurig, Leutnant, Inf.-Regt. 105, Am Waseneck 4.

*378. Schwab, Hauptmann u. Komp.-Chef, Inf.-Regt. 126, Bischof-Wernerstraße 2.
*379. Schwalbe, Dr., Universitätsprofessor, Schwarzwaldstraße 39.
*380. Schwander, Dr., Bürgermeister, Brandgasse 9.
*381. v. Seebach, Wirkl. Geh. Kriegsrat, Allerheiligengasse 10.
*382. Seer, Hauptmann, Fuß-Art.-Regt. 14, Sleidanstraße 13.
*383. v. Seidlitz, Dr., Privatdozent, Ruprechtsau, Parkstraße 8.
*384. Seifert, Leutnant, Inf.-Regt. 105, Manteuffelkaserne.
*385. v. Sichart, Oberleutnant 105. Inf.-Regt., Ohmachtstraße 1 pt.
*386. Siebel, Hauptmann, Adjut. d. 3. Ingenieur-Inspektion, Vogesenstraße 3.
387. Siebler-Ferry, Kaufmann, Spießgasse 2.
388. Siegle, Adolf, Fabrikant, Fischartstraße 22.
389. Simon, Dr., Univ.-Prof., Oberlehrer, Schiffmattweg 10.
390. v. Skopnik, Geh. Reg.-Rat, Wimpfelingstraße 23.
391. Smend, Dr., Universitätsprofessor, Ruprechtsauer Allee 14.
392. Smits, Dr., Generaloberarzt a. D., Schreiberstubgasse 2.
*393. Spangenberg, Stabsarzt, Kehl, Hauptstraße 238.
394. Speyer, Peter, Kaufmann, Ludwigshafenerstraße 2.
*395. Spiegelberg, Dr., Universitätsprofessor, Twingerstraße 16.
396. Spiess, Dr., Generalarzt a. D., Thomasstaden 6.
397. Spiro, Dr., Universitätsprofessor, Stöberstraße 16.
*398. Stage, Geh. Reg.-Rat, Kochstaden 5.
*399. Starck, Hauptmann i. Generalstab d. 31. Div., Hohenlohestraße 16.
*400. Stark, Oberstleutnant, Fortifikation, Jakob Sturm-Staden 7a.
401. Stehle, Dr., Reg.- und Schulrat, Ohmachtstraße 3.
402. Steffen, B., Rechnungsrat, Hohenlohestraße 26.
*403. Stein, Gust., Kaufmann, Kaiser-Wilhelmstraße 6.
*404. v. Stein, Oberstleutnant z. D., Möllerstraße 3.
*405. v. Stichaner, Frau Bezirkspräsidenten-Witwe, Hohenlohestraße 4.
*406. Stilling, Dr., Universitätsprofessor, Murnerstraße 1.
407. Stoeckicht, Baurat, Schiltigheimerring 13.
*408. Stoll, Otto, Assistent am Meteorolog. Institut, Illtorstaden.
*409. Stolberg, Dr., Privatgelehrter, Möllerstraße 9.
*410. Stolzenburg, Oberst u. Brig.-Kommandeur, Ludwigshafenerstraße 14.
411. Stromeyer, Schatzmeister der Handelskammer, Kaufhausgasse 1—3.

412. Stübel, O., Generalsekretär, Ruprechtsau, Silberratgasse 2b.
413. Stürmer, Frl., Oberlehrerin, Roseneck 7.
414. Suffert, Hauptmann, Pionier-Bat. 15, Schimperstraße 1.
*415. Talke, Leutnant, Train-Batl. 15, Mannheimerstraße 10.
416. Tauber, Dr., Privatgelehrter, Ruprechtsauer Allee 32.
*417. v. Teichmann, Oberst, Inf.-Regt. 126, Herderstraße 7.
*418. Teike, Prof., Oberlehrer, Universitätsstraße 26.
419. Tempel, Dr., Oberlehrer, Lessingstraße 33.
420. v. Tettenborn, Major, Inf.-Regt. 105, Daniel-Hirtzstraße 12.
*421. v. Tettau, Leutnant, Inf.-Regt. 105, Illtorkaserne.
*422. Thedieck, Leutnant, Inf.-Regt. 132, Ludwigshafenerstr. 24.
*423. Thiele, Dr., Univ.-Professor, Goethestraße, Chem. Institut.
424. Thumb, Dr., Universitätsprofessor, Universitätsstraße 28.
*425. Tiling, Hauptmann, Fortifikation, Sternwartstraße 11.
*426. Tischbein, Oberst z. D., Wenckerstraße 3.
*427. Tobias, A., Baumeister u. Bauunternehmer, Steinwallstr. 42.
428. v. Traut, Ministerialdirektor, Kleberstaden 10.
*429. Trübner, Karl J., Verlagsbuchhandlung, Münsterplatz 9.
*430. v. Tschammer u. Osten, Leutnant, Inf.-Regt. 105, Schimperstr. 1.
431. v. Tuhr, Dr., Univ.-Professor, Ruprechtsauer Allee 64.
*432. Vehse, Leutnant, Inf.-Regt. 105, Illtorkaserne.
*433. Waencker v. Dankenschweil, Exz., Generalleutnant z. D., Freiburg i. B., Zasiusstraße 53 II.
*434. Wagner, Oberstleutnant z. D., Arnoldplatz 5.
*435. Wagner, Carl, Fabrikant, Weißturmring 9.
436. Wagner, Postinspektor, Vogesenstraße 53.
*437. Walbaum, Hauptmann, Inf.-Regt. 105, Odilienstraße 7.
*438. Walter, Dr., Oberlehrer, Jarsstraße 16.
*439. v. Waltershausen, Frhr., Dr., Univ.-Professor, Orangeriering 23.
*440. Wandesleben, Oberleutnant, Adjutant der 5. Festungs-Inspektion, Schwarzwaldstr. 31.
*441. Wangemann, Hauptmann, Inf.-Regt. 105, Lessingstraße 39.
*442. Wangemann, Leutnant, Inf.-Regt. 105, Lessingstraße 39.
443. Weber, Dr., Univ.-Professor, Taulerstraße 33.
*444. Weber, Buchhändler, Heinrich'sche Buchhandlung, Goethestraße 21.
*445. v. Wedel, Graf, Exz., Kaiserlicher Statthalter in Elsaß-Lothringen, Brandgasse.
446. Wehmann, Dr., Professor, Oberlehrer, Vogesenstraße 8.

447. Weigand, Dr., Professor, Oberlehrer, Schießrain 7.
448. Weidenreich, Dr., Univ.-Professor, Vogesenstraße 19.
449. Weill, Dr., prakt. Arzt, Langestraße 136.
450. Werner, Kataster-Inspektor, Kölnerring 3.
*451. Westphal, Leutnant, Fuß-Art.-Regt. 10, Julianstraße 6.
*452. Wigand, Dr., Univ.-Prof., Geh. Archivrat, Fischartstr. 11.
453. Wilfarth, Hauptmann, Train-Depot, Nikolausring 26.
454. Winkelmann, Dr., Städt. Archivdirektor, Nikolausring 5.
*455. Wisser, R., Kaufmann, Vogesenstraße 55.
456. Wittmer, Kaufmann, Jacob-Sturmstaden 6.
457. Wolf, P., Regierungsrat, Kaiser-Friedrichstraße 9.
*458. Wolff, Carl, Kaufmann, Broglieplatz 3.
*459. Wolfram, Dr., Prof., Geh. Reg.-Rat, Direktor der Univ.- u. Landesbibliothek, Spachallee 1.
460. Wollenberg, Dr., Univ.-Prof., Kaiser-Friedrichstraße 19 a II.
461. Wormser, Jul., Frau, Ruprechtsauer Allee 12.
462. Wulff, Regierungsrat, Ohmachtstraße 5 I.
*463. Wulff, Hauptmann, Feldart.-Reg. 51, Schwarzwaldstraße 30.
464. Wunder, Justizrat, Notar, Bischheim.
*465. Wunderlich, Leutnant, Inf.-Regt. 132, Mauritiusstraße 3.
*466. Würtz, Dr., prakt. Arzt, Kaiser-Friedrichstraße 10.
*467. Zeumer, Leutnant, Inf.-Regt. 105, Schleusenkaserne, St. 41 a.
*468. v. Ziegesar, Frhr., Major beim Stab, Inf.-Regt. 126, Lessingstraße 17.
469. Zorn v. Bulach, Frhr., Wirkl. Geh.-Rat, Exz., Staatssekretär, Kleberstaden 9.
*470. Zschiedrich, Hauptmann, Inf.-Regt. 105, Ludwigshafenerstraße 17.

FSC
www.fsc.org
MIX
Papier | Fördert
gute Waldnutzung
FSC® C083411

Zeitfracht Medien GmbH
Ferdinand-Jühlke-Straße 7
99095 Erfurt, Deutschland
produktsicherheit@kolibri360.de